潘重光　编著

造福人类的生物工程

创造生命的“魔法”

上海科学普及出版社

图书在版编目（CIP）数据

造福人类的生物工程：创造生命的“魔法”／潘重光编著.
—上海：上海科学普及出版社，2015.7
（名家科学眼）
ISBN 978-7-5427-6457-7

Ⅰ.①造… Ⅱ.①潘… Ⅲ.①生物工程—普及读物
Ⅳ.①Q81-49

中国版本图书馆CIP数据核字（2015）第078874号

策　　划　胡名正
责任编辑　刘湘雯

名家科学眼

造福人类的生物工程

——创造生命的“魔法”

潘重光　编著

上海科学普及出版社出版发行

（上海中山北路832号　邮政编码 200070）

http://www.pspsh.com

各地新华书店经销　北京市艺辉印刷有限公司印刷

开本 787mm×1092mm　1/16　印张 8　字数 160 000

2015 年 7 月第 1 版　2015 年 7 月第 1 次印刷

ISBN 978-7-5427-6457-7　定价：29.80 元

卷首语

俗话说“种瓜得瓜，种豆得豆”，这是说明每种生物体下代像上代的一种现象。另一句俗语是“一娘生九子，九子各不同”，这又反映了同一种生物体不同个体间出现的不相像现象。同一种生物体，下代像上代、同代一个样的现象称为“遗传”；同一种生物体，下代与上代有差异、同代也不一样的现象就称为“变异”。

生物体为什么会出现遗传、变异？1865 年，出生于奥地利的孟德尔首先指出，生物体的遗传、变异，根本原因在于遗传因子，也就是现在公认的基因。

基因是什么？基因在哪里？基因是怎样决定性状的这些问题经过全世界科学家们长期研究，终于找到了答案。科学研究的结果表明，基因就在生物体的细胞中，组成基因的物质基础是脱氧核糖核酸（DNA）。1953 年 4 月 25 日，沃森和克里克公布了他们对 DNA 结构研究的结果，他们的研究结果表明，DNA 模型是双螺旋的。他俩的研究结果是 20 世纪最重要的研究成果之一，这标志着生物科学进入分子生物学的新时代。

就在沃森和克里克在研究 DNA 结构取得重大成果的同时，生物体的性状和蛋白质之间的关系也有了明确的结论。基因虽然是决定生物性状的基本原因，但基因是通过蛋白质来决定生物性状的，任何生物性状都离不开蛋白质。

生物学研究所取得的成果使一部分生物学家看到了为基因进行“手术”的美好前景。从 1972 年开始，就有生物学家在生物体外“切割”生物体的 DNA、重新“拼接”DNA 取得成功，这是一种全新的生物技术。当生物学家利用“切割”、“拼接”DNA 的技术，并把重新“拼接”的 DNA（重组 DNA）人为地运送到其他生物体的细胞中，当得到重组 DNA 的生物细胞能产生人类所期望的性状时，表明“生物工程”就此诞生了。如果把抗虫基因通过重组 DNA 并运送到水稻细胞中，由这种水稻细胞长出抗虫的水稻，那么“生物工程”奏效了。如果把胰岛素的基因通过重组DNA并运送进细菌细胞，细菌能产生胰岛素了，那表明“生物工程”也奏效了。

现在，已经在生产实践中发挥作用的生物工程包括基因工程、细胞工程、发酵工程或微生物工程和酶工程等多个领域。生物工程的应用范围很广，在农业、工业、医学、药物学、能源、环保、冶金和化工原料等许多领域中生物工程能发挥重要作用，生物工程的发展必然会对人类社会的政治、经济和军事等多方面带来重大影响。

本书中的图片，都是由王慧女士根据出版要求尽心尽力地绘制或提供的。

目　录

四、传统生物工程

一、探索基因之路

引子：

自孟德尔提出遗传因子的假说之后，科学家们对基因是什么？基因来自哪里？基因是由什么物质组成的？基因的结构怎样？基因是如何决定生物性状的等诸多方面展开了探索，经过一百多年的不懈努力，对这些问题已经有了明确的答案。但是科学探索之路是崎岖曲折的，探索基因之路还在不断地延伸，那些不计名利、兢兢业业地探索基因奥秘的科学家们将会获得更大的成就。

一娘生九子，九子各不同

男女爱情的结晶是孩子，他是父亲的精子与母亲的卵子激烈碰撞的结合体，这种结合体往往有的部位像爸爸，有的部位像妈妈，同一对夫妇所生的同胞兄弟姐妹间会出现既像又不像的现象。下代像上代、弟弟像哥哥、妹妹像姐姐，这种“像”就是遗传；而上下代之间的差异、同胞兄弟姐妹之间的不同，就叫变异。

众所周知，人有男女、鸡有雄雌、猪分公母……动物之间的雌与雄就叫性别。依靠雌、雄分别提供的卵子和精子相互融合产生新一代的传种方式，叫做有性繁殖。有性繁殖的生物，除了动物之外，还有许多具有性别的植物。可是，由于植物体的两性集于一身，甚至雌、雄同处一花，因此，分辨植物的雌与雄并不像动物那样一目了然。

同一株植物上既有雌花又有雄花，这叫雌雄同株，玉米就是雌雄同株的代表；同一朵花中也可能有雌又有雄，这叫雌雄同花，水稻、油菜、棉花都是雌雄同花的植物。雌雄同株和雌雄同花的植物可以靠同一株上的雌花提供的卵子和雄花中的精子融合产生后代。同株上的雄花落到雌花上叫自花授粉，同株上的雌性细胞和雄性细胞结合就叫自交。如果一株的雄花落到另一株的雌花上，则称作异花授粉，异花授粉导致精卵结合产生后代就叫异交。如果异交的两株植物性状不同，那么这两株植物的异交就特称为杂交。如果异花授粉植株的性状是完全相同的，那么异交得到的种子还只能称为自交种。

动物有雌雄的分别

有性繁殖的生物，相互

之间会有许多差别。子女既不是父亲的拷贝也不是母亲的复制品，自古以来，就有“一娘生九子，九子各不同”的说法。

同一窝的小猪仔相貌不完全相同

为什么会出现“一娘生九子，九子各不同”的现象呢？为什么会出现“栽什么树苗结什么果，撒什么种子开什么花”的结果呢？自古以来，许多人都在不断探索着这些问题，并为此而献出了毕生精力。直到19世纪30年代，奥地利僧侣孟德尔才作出了正确的回答。

孟德尔的伟大发现

1822年出生于奥地利的孟德尔，童年和青年时代历尽苦难，在山穷水尽的困境下走进了布隆修道院。这位并非对上帝虔诚的小伙子，在修道院中倒也安于清贫，遵守院规。在那里，他与孤灯为伴，苦读4年《圣经注释》《教会问答》等宗教专著。孟德尔的勤奋和才智赢得了该院最高权威那佩院长的赏识，他不仅将孟德尔提升为神父，而且送孟德尔到维也纳大学深造。从宗教殿堂进入科学大厅的孟德尔，立即对进化论、植物学、数学、物理学、化学等自然科学产生了浓厚的兴趣，在这座科学大厅里，他尽情地吸收着科学的营养。两年大学生活转瞬即逝，当他再度进入修道院时，已对《圣经注释》等宗教界的宏论毫无兴趣了。而诸如为什么生物体上代与下代间能保持相同，为什么同样的父母既会生下面目相像的子女，也会生下面目迥异的子女等问题犹如空气那样成了他的“伴侣”。为了揭开这个千古之谜，他利用修道院后面的花园种上了豌豆，一年年种，一年年收。春去春又回，匆匆八载过去，他终于揭开了上代与下代“像”又“不像”这个千古之谜，为生物的遗传与变异奠定了科学基础。

选用豌豆做遗传试验，是孟德尔成功的关键之一。他看到，豌豆是闭花授粉的植物，由于长期的闭花授粉，保证了豌豆的纯洁性。也就是说，一个开红花的豌豆品种，后代也开红花，高秆的豌豆后代也绝对不会出现矮秆的……他也看到在豌豆中，红花与白花、高秆与矮秆、圆粒与皱粒……是那样泾渭分明，这些泾渭分明的一对一对的豌豆花色、粒形等称为相对性状。正是由于豌豆的遗传相对性状泾渭分明，而闭花授粉的特点又使它们的遗传相对性状十分稳定，用具有这样特点的植物作研究，很容易观察到杂交的效果。

孟德尔

孟德尔还看到，豌豆虽然是闭花授

孟德尔博物馆　图片作者：Misa.jar

粉的植物，但花形比较大，用人工的办法拔除豌豆花中的雄蕊，给雌花送上花粉是容易办到的。

孟德尔胸有成竹地开始了前人没有尝试过的遗传实验。他一丝不苟地拔除了红花豌豆中的雄花，刷上白花豌豆的花粉，得到了杂种第一代（F_1），第一代种子长出的豌豆开的是红花；让这第一代豌豆闭花授粉，得到了第二代种子（F_2）；当第二代种子长出的植株开花时，除了3/4的植株开红花外，还有1/4的植株开的是白花。他把第一代出现的那个亲本的性状称为显性性状，而未表现出来的那个亲本性状就称为隐性性状，把第二代中两个亲本的性状同时出现的现象称为分离现象。真是无巧不成书，孟德尔在用豌豆做杂交试验时，仔细地观察了下面7对差别鲜明的性状。

花的颜色：红色和白色。

种子的形状：圆形和皱形。

子叶的颜色：黄色和绿色。

花着生的位置：腋生（即枝杈生）和顶生。

成熟豆荚的形状：饱满和缢缩。

植株的高度：高和矮。

未成熟豆荚的颜色：绿色和黄色。

最初的试验是将上述单个性状上有明显差别的两种豌豆（亲本）杂交，上述

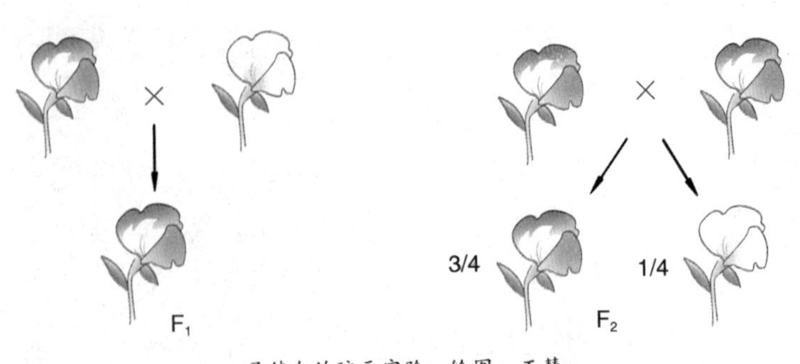

孟德尔的豌豆实验　绘图：王慧

7组相对性状分别做了7次杂交。7次杂交的结果具有惊人的一致性，那就是杂种一代都只出现一个亲本的性状，例如：开红花的植株与开白花的植株杂交，杂种一代是清一色的红花；子叶是黄色的豌豆与子叶是绿色的豌豆杂交，杂种一代总是具有黄色子叶的性状等。这种在杂种一代中只出现杂交双亲中一个亲本性状的现象在孟德尔观察的7对相对性状的杂交中，无一例外。此外，当杂种一代自花授粉时，得到了杂种二代种子。在7次杂交的杂种二代中，都出现了两个杂交亲本的性状，即都出现了分离现象。更有趣的是，在杂种二代中，第一代出现过的那个亲本的性状（即显性性状）和第一代未出现的那个亲本的性状（即隐性性状）都出现了3∶1的分离。

惊人的一致性中有什么内在联系呢？才思敏捷的孟德尔善于把握契机，在掌握了足够的事实后提出了自己的设想。他认为，生物体表现出来的性质和形状（性状）不过是人们能够通过感觉器官感觉到的表面现象，而现象的重复出现必定反映着某种内在的本质。根据这样的推理，他假设决定性状的内在根据是遗传因子。他十分明确地指出，生物体的每个单位性状是由两个遗传因子决定的。因为同一个单位性状会有明显的差别，如花色（单位性状）有红有白，所以决定同一个单位性状的遗传因子也会有两种形式，一种是决定显性性状的形式，另一种是决定隐性性状的形式，这好比是同样反映一个人的照片和底片。当决定某一单位性状的两个因子完全一样时（如两张均为照片或两张都是底片），这种遗传因子的组合方式就叫纯结合。不言而喻，纯结合有显性纯结合和隐性纯结合两种形式。实际上，纯结合的意思就是人们平时常说的纯种罢了。如果决定某个单位性状的两个遗传因子不完全相同，而是相似，犹如一张底片和一张照片那样，那么，这种遗传因子的组合就叫杂结合或异质结合，也就是平时常说的杂种。

孟德尔在对决定性状的遗传因子作了具体说明后又明确指出，生物体在形成生殖细胞时，原来成对的遗传因子必然不能同时进入同一个生殖细胞（生殖细胞又可以叫性细胞，雄性的生殖细胞叫精子或精细胞，雌性的生殖细胞叫卵子或卵细胞），因此，每个生殖细胞中只有一对遗传因子中的一个。当雌、雄生殖细胞结合（受精）时，遗传因子又随着两种生殖细胞的合二为一而恢复成对。

在作出遗传因子决定性状的假设后，孟德尔立即意识到，决定某个单位性状的两个遗传因子（等位因子）在生物体形成生殖细胞时各自分别进入不同的生殖细胞，是杂种二代中显性性状和隐性性状出现 3∶1 分离的内在原因。现在，“成对遗传因子在生物体形成生殖细胞时必然分离”已被称作遗传学第一定律，即分离定律。

为了说明遗传因子的分离及由此而出现的性状分离，我们不妨来进行一次特殊的扑克游戏。首先，我们用扑克牌中的红桃 A 代表红花因子，用黑桃 A 代表白花因子。现在甲手中有 2 张红桃 A，乙手中有 2 张黑桃 A。游戏按每人出 l 张牌进行交换的规则进行，可想而知，一次游戏结束，每人手中仍是 2 张 A，但此时每人手中已各有 l 张红桃 A 和 1 张黑桃 A。按照游戏的另一条规则，凡是红的和黑的在一起时，红的总放在黑的上面，这样一来，虽然每人手中各有 1 张红桃 A 和 1 张黑桃 A，实际上看到的是每人手中只有红桃 A。每人手中的 2 张牌相当于每个亲本具有一对遗传因子；每人每次出 1 张牌，相当于同对遗传因子在形成生殖细胞时的分离；甲、乙两人各出 1 张牌放在一起，相当于受精；红桃 A 总放在黑桃 A 上面，相当于红桃 A 是黑桃 A 的显性。如果手中均有 l 张红桃 A 和 1 张黑桃 A 的甲、乙两人继续按每人每次出 1 张牌、红桃 A 放在黑桃 A 上面的规则玩游戏，那么有可能在 4 次出牌中，有 1 次各自的红桃 A 遇在一起，有 2 次各自的一张红桃 A 遇到对方的黑桃 A（由于红桃 A 总放在黑桃 A 的上方，因此，这两种情况表面看来也只出现红桃 A），有 1 次是甲、乙双方的黑桃 A 相遇。因此，出现了 3 次看到红桃 A 和 1 次看到黑桃 A 的格局，就像下图中所示的那样。

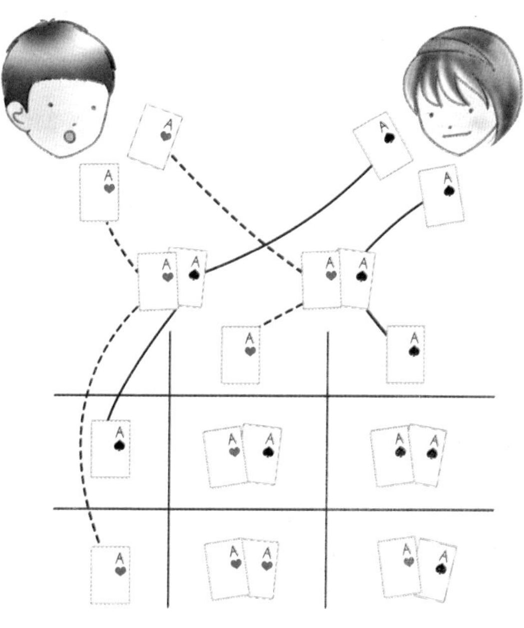

分离定律　绘图：王慧

孟德尔在总结出遗传因子的分离规律后，又进一步分析了不同对遗传因子在生物体产生生殖细胞时的相互关系。根据追踪试验，他得到了十分简单明了的结论：生物体在形成生殖细胞时，每对遗传因子都要分离，各对遗传因子的分离，彼此间互不影响，即每对遗传因子的分离是各自独立的。由于各对遗传因子分离具有独立性，使原属不同对的遗传因子有可能自由搭配（组合）在一起进入同一个生殖细胞中。现在，已把各对因子的独立分离和不同对因子的自由组合称为遗传学第二定律，即自由组合定律或独立分配规律。

如果用扑克牌中的 A 和 K 代表不同对的遗传因子，假设现在甲手中有 2 张红桃 A 和 2 张红桃 K，乙手中有 2 张黑桃 A 和 2 张黑桃 K。游戏时，每人各出 1 张 A 和1张 K 进行交换（出牌相当于形成生殖细胞时的成对因子分离），这样一次游戏结束，甲、乙两人手中的 4 张牌，就都为 2 张 A 和 2 张 K，且 A 和 K 中都是一红一黑。接下来甲和乙按各出1张 A 和 K 的规则玩游戏，则甲和乙在抽 A 和 K 时，就可能出现 4 种 A 与 K 的搭配形式：红 A 遇到红 K、红 A 遇到黑 K、黑 A 遇到红 K、黑 A 遇到黑 K。甲、乙两人各自抽 1 张 A 和 1 张 K 好比生物体在形成生殖细胞时，各对因子的独立分离和不同对因子间的自由搭配。当甲、乙两人抽好牌后，下一步是出牌，在出牌过程中，甲的 4 种搭配可与乙的 4 种搭配充分相遇，就会有 16 种相遇的可能。由于红 A 总在黑 A 上面，红 K 总在黑 K 上面，因此，16 次相遇中，有 9 次看到红 A 和红 K、3 次看到红 A 和黑 K、3 次看到黑 A 和红 K、1 次看到黑 A 和黑 K，就像下图所表示的那样。

本该弘扬上帝教义的孟德尔，不顾教义的约束，更不怕亵渎上帝，他在上帝的殿堂上养鼠、种豆以至进行人工杂交，理所当然地遭到了上帝卫道士们的诽谤和攻击。指责孟德尔是上帝的叛徒者有之，斥责他在教堂里开妓院者有之。可是科学

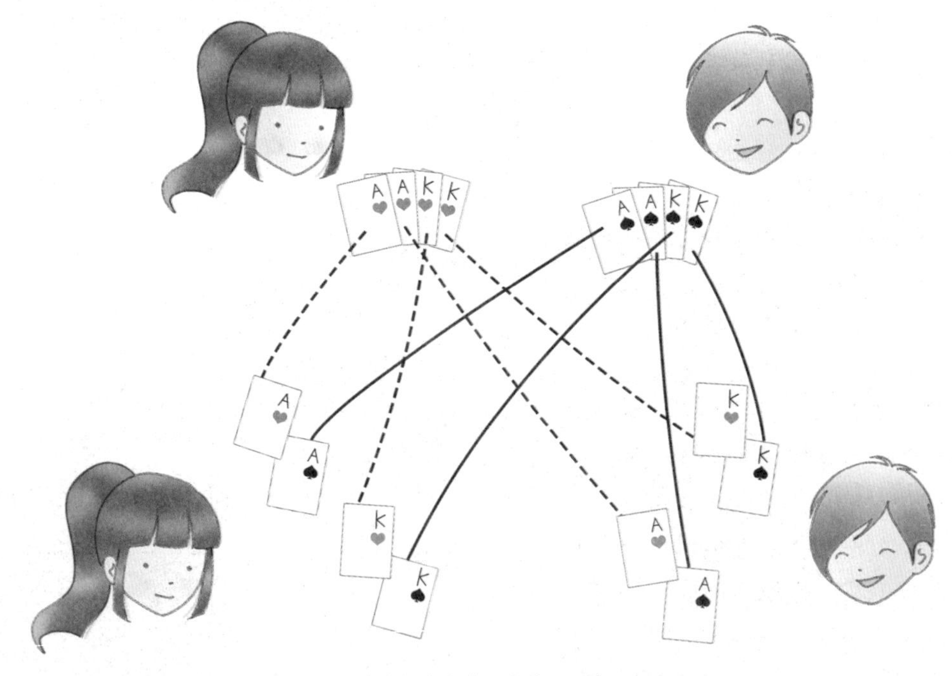

自由组合定律　绘图：王慧

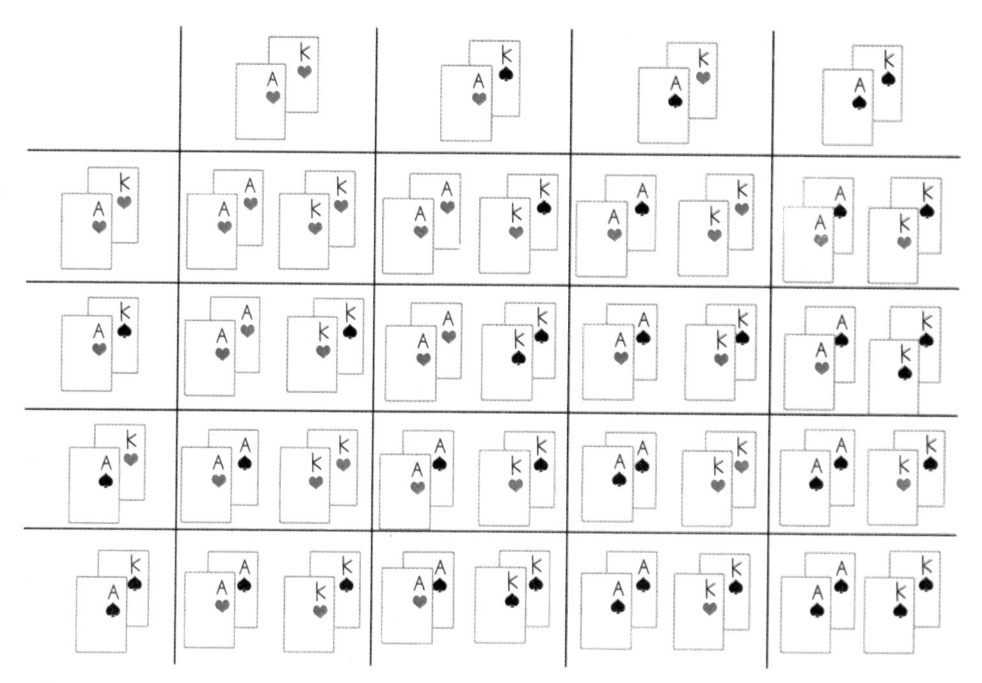

16种可能的组合　绘图：王慧

特别喜爱上帝的叛逆者，当孟德尔在后花园中默默耕耘时，真理正悄悄向他走近。但是，拥抱真理的孟德尔并未立即发出耀眼的光辉。

当孟德尔把8年积累的资料整理成文求教于当时的植物学权威、瑞士的耐格里时，这位名噪一时的学者由于对植物的遗传和变异规律一无所知而全盘否定了孟德尔的结论。他认为，孟德尔的试验充其量是数数豌豆而已，数豌豆怎么会发现科学定律呢？这位权威的言论和漫不经心的态度不仅把孟德尔——这位上帝的叛逆者又送回给上帝，而且使孟德尔的科学结论在全世界120多个国家的图书馆中沉睡了34年。

小资料

耐格里可以将孟德尔推向上帝的怀抱，但科学永远不会与上帝握手。当历史的时针指到1900年时，三位互不相识的异国科学家同时公布了自己多年来进行豌豆杂交试验的结果，他们分别公布的结果却是完全一致的，这真是科学史上一次最奇妙的巧合！

这三位科学家分别是荷兰的德弗里斯、奥地利的邱歇马克和德国的柯伦斯。当这三位科学家在自己的国度里整理试验数据时，个个都抑制不住内心的激动。因为结果和数据太美了，他们都以为自己首次发现了生物的遗传规律。当他们在图书馆里寻查有关资料时，三位科学家又不约而同地在布满尘埃的书架上看到了孟德尔的《植物杂交试验》论文。当他们仔细地看完了这篇在34年前已问世的论文后，孟德尔的伟大名字已占据了他们的心田。他们认为，孟德尔的伟大在于早他们34年就发现了遗传学规律，孟德尔才是遗传学的真正奠基人，而他们只不过是对孟德尔的结论作了一次证实而已。

科伦斯

自三位学者在1900年同时发现了孟德尔所论述的分离定律和自由组合定律以后，遗传研究领域内的万马齐喑的沉闷局面打开了。一时间歌颂孟德尔定律的人和向孟德尔定律挑战的人进行了一场激烈的争论。歌颂者预言：“从热力学的两大法则可以演绎出全部热力学，从麦克思韦公式可以演绎出全部电动力学，从孟德尔法则可以演绎出全套理论进化学与数量性状遗传学。”挑战者认为，孟德尔发现的仅仅是适合于豌豆的遗传定律，复杂的生物界的遗传规律，绝不是孟德尔的分离和自由组合定律可以概括得了的。争论的双方为了稳操胜券，各自拿出了自己掌握的事实。在经过了一场摆事实、讲道理的辩论后，不仅使分离定律和自由组合定律更加稳固，而且引出了数量遗传和细胞遗传。

从“遗传因子”到“基因”

1909年，丹麦学者约翰逊经过细心的观察和思考，觉得孟德尔提出的“遗传因子”不仅使用不方便，而且还不能确切地反映事物的本质，因此，他提出了“基因”这个词汇。用“基因”代替“遗传因子”，不仅使用方便，而且更贴切性状遗传的基本原因这一含义。约翰逊的提议立即被科技界所认同，从此，孟德尔提出的“遗传因子”就被“基因”替代了。

同年，瑞典学者尼尔逊·埃尔根据他所做的杂交试验的结果，对孟德尔的遗传假说做了一次重要的补充。

尼尔逊·埃尔仿效孟德尔的杂交试验法，用红皮小麦和白皮小麦杂交，杂种一代的籽粒皮色全为淡红色，杂种二代也出现分离，但红皮和白皮小麦的分离比除出现3∶1外，还有15∶1和63∶1等多种形式。孟德尔从未看到过15∶1和63∶1这两种现象，用一对基因决定一个单位性状也确实说不通。难道孟德尔发现的规律初遇挑战就要落荒而逃吗？幸好尼尔逊·埃尔本人也是一位卓越的科学家，他信奉科学真理，也能在真理的长河中开拓前进的道路。在试验结果与孟德尔假说出现矛盾后，他创造性地提出了自己的大胆设想。他认为，小麦的杂交试验结果预示着小麦皮色可以由一对基因决定，也存在着两对基因、三对基因和多对基因决定的情况。这个观点不仅继承了孟德尔发现的两条定律，而且在继承的基础上发展了孟德尔学说。为什么这么说呢？你大概还很清楚，由一对基因决定的红花豌豆和白花豌豆杂交所得到的杂种二代中，开红花和开白花植株的比是3∶1，也可写作$(3:1)^1$，这里的指数1代表一对基因。如果由2对基因决定一个单位性状，即指数为2，则杂种二代中显性和隐性的比例就呈$(3:1)^2=9+6+1$的展开规律。由于“9”和“6”都表现显性性状，只有“1”表现隐性性状，所以杂种二代中，显性个体和隐性个体的比就为15∶1。同理，由3对基因决定一个单位性状时，杂种二代中显性和隐性的比就呈$(3:1)^3=3^3+3\times3^2\times1+3\times3^1\times1^2+1^3=27+27+9+1$的展开规律。由于前三项中都有显性基因，因此都表现显性性状，只有最后一项表现隐性性状。这样，显性个体和隐性个体在杂种二代中的比就为63∶1。尼尔逊·埃尔的假说不仅说明孟德尔的分离定律和自由组合定律是正确的，而且还修正和补充了孟德尔假

喜马拉雅兔

说的不足。这次挑战就这样在补充和修正中结束了。

1910 年，美国的伊斯特在玉米上也看到了多对基因决定一个性状的现象。

1913 年，美国的斯蒂特文特在用灰兔和白兔做杂交试验时，杂种二代出现灰兔和白兔的分离，分离比也为 3∶1，这说明灰色基因对白色基因来说是显性的。当他用白兔与一种喜马拉雅兔杂交时，杂种一代全为喜马拉雅兔的表型（喜马拉雅兔的表型是四肢端部、耳端、尾端都呈黑色，其余部位全为白色）。杂种二代中出现了白兔和喜马拉雅兔的分离，喜马拉雅兔和白兔的比为 3∶1。这两次实验的结果说明，灰基因和喜马拉雅毛色基因都是白基因的显性，即白毛基因同时会有两种显性基因。这种由三种不同形式的基因决定一种单位性状的情况，连孟德尔也没有看到过，他只是指出决定一种性状的基因会出现显性和隐性这两种形式，并把决定同一性状的两种形式的基因叫做等位基因。斯蒂特文特的结果表明，决定同一性状的基因确实不仅仅有两种不同形式，至少有三种形式。于是，斯蒂特文特认为，除了孟德尔提到的等位基因外，还应该有复等位基因的存在，即决定同一性状有三个以上的基因形式。如果把斯蒂特文特的试验也看作一次挑战的话，那么这次挑战就以复等位基因进入遗传学领域而鸣金收兵。

基因共显性表达的例子，双色花　图片作者：darwin cruz

孟德尔在做豌豆杂交试验时提出的显性现象经受了实践的检验，检验的结果又纠正了孟德尔假说的片面性。因为客观的事实是，在杂种一代中，除了存在着只出现杂交双亲中一个亲本的性状（所谓显性）外，还存在着杂种一代中两个亲本的性状同样得到表现的情况（所谓共显性）。此外，像紫茉莉杂交中，红花亲本和白花亲本的杂种一代为粉红色花，这种现象叫不完全显性。双亲的性状在杂种一代个体的不同部位表现，这叫镶嵌显性。

对孟德尔定律所提出的一次次挑战，只是指出了孟德尔假说的不足，始终未能否定生物体在形成生殖细胞时等位基因的分离和非等位基因的自由组合。因此，经过战斗洗礼的孟德尔定律更增加了集体风采，当孟德尔的假说与细胞学攀上"亲家"后，依托细胞学的成就，生物学的研究出现了新的腾飞。那么，细胞是什么？细胞学的成就又是如何使孟德尔发现的遗传规律出现新的腾飞的呢？要了解这一切，还得从罗伯特·胡克说起。

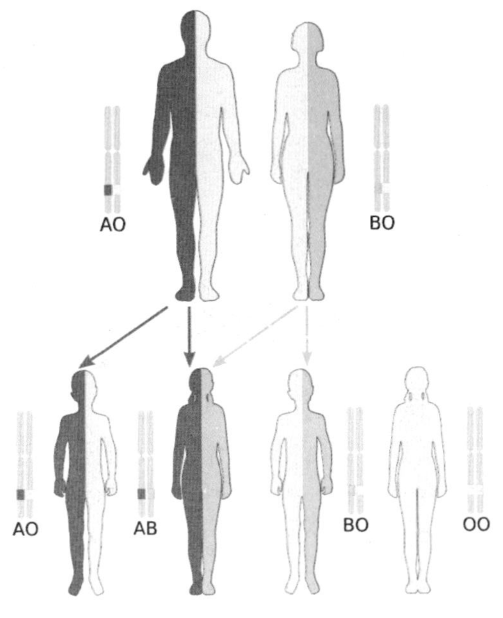

人类的血型也是基因共显性表达的范例

细胞

在孟德尔发现遗传规律200年之前，英国医生罗伯特·胡克发现了细胞。

1665年，胡克用自己设计、制造的显微镜观察软木的薄片时，发现软木的薄片是由许多极小的“房间”连接而成的，他把软木薄片上的“小房间”叫做细胞。这位医生在观察软木薄片和提出“细胞”这个词的时候，根本没有想到他的发现会把生物学家引导到生物细胞的一个更基本的水平。在这个水平上，所有的生物结构都可以归纳到一个共同的起源。

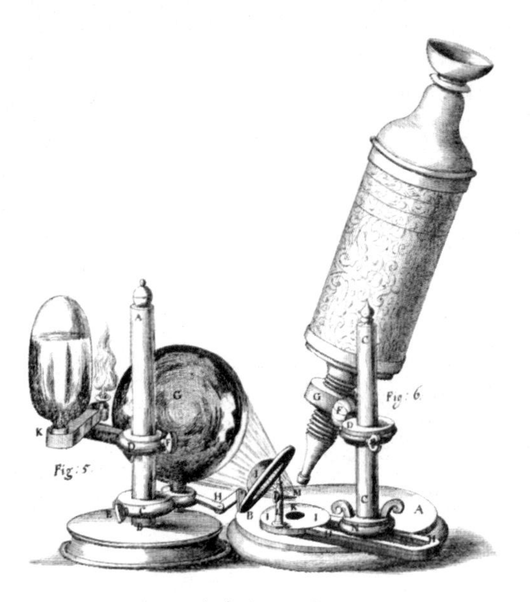

胡克的显微镜

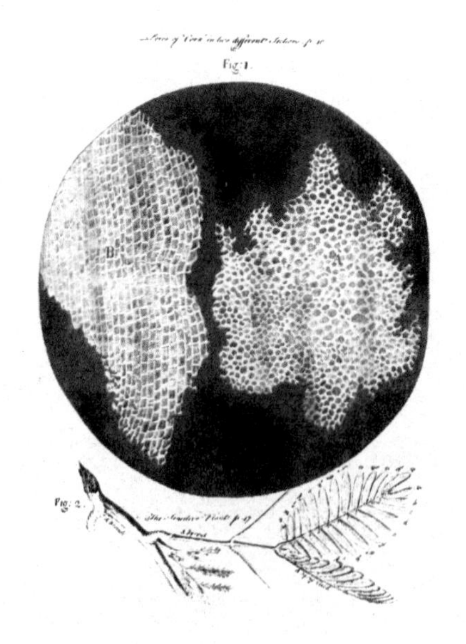

胡克看到的细胞

在这以后的150年中，生物学家逐渐明白了所有生物都是由细胞构成的，每个细胞都是一个独立的生命单位。有些生物只有一个细胞构成，较大的生物体则是由许多相互合作的细胞组成的。法国生理学家迪特罗谢在1824年就提出了这种看法，但没有遇到知音，直到1838年和1839年，德国的施莱登和施旺分别指出“一切生物机体都是由细胞构成的”以后，对细胞的研究才掀起高潮。

1839年，捷克生理学家浦金野把填满细胞的胶状液体定名为“原生质”（生命的原始物质）。19世纪中叶以后，法国植物学家默尔用原生质概括细胞中的所有内含物（包括细胞质和细胞核）。德国解剖学家舒尔策强调指出，原生质是“生命的物质基础”，并证明在所有的动、植物细胞里，不论它们的结构是多么复杂，还是多么简单，它们的原生质基本上都是相似的。

细胞学说对于生物学的重要性如同原子学说对于化学和物理学的重要性。1860 年前后，德国病理学家魏尔啸用一句拉丁语说出了细胞在生命过程中的重要性：“一切细胞都来自细胞。”他指出，病变组织中的细胞是由原先的正常细胞分裂而繁殖出来的。

最早的显微镜制作者列文·虎克的助手哈姆，在雄性动物的精液里发现了一些很小的东西，后来把这种小东西命名为精子。1827 年，德国生理学家贝尔又发现了哺乳动物体内的卵细胞。这样，生物学家开始知道动物的生殖过程：雄性动物的精子和雌性动物的卵子结合以后形成受精卵，受精卵也就是形成动物体的第一个细胞，这种胚性细胞经过反复分裂，最后便发育成动物。

在细胞学说出现的时候，人们已经知道，体形大的生物体，其细胞并不比小生物体的细胞大，只不过大生物体的细胞数目比小生物体的多罢了。典型的植物细胞或动物细胞的直径约 5~40 微米，而人的眼睛只能分辨出直径在 100 微米以上的东西，因此人的眼睛一般看不到细胞，它们只有在显微镜下才能被人们所发现。

细胞虽然这么小，但绝不是毫无特征的一滴原生质。在 19 世纪，人们已认识到，细胞本身犹如一个完整的生物体，它也是由许多比细胞更小的复杂结构组成的。为了解决许多与生命有关的问题，生物学家不得不对细胞的亚结构进行认真的研究。

既然生物体是通过细胞增殖而长大的，那么，一个细胞是怎样变成两个细胞的呢？答案是来自细胞内一个物质较为致密的小球，这个小球的体积约为细胞的 1/10，由发现布朗运动的布朗在 1831 年发现的，他给这个小球命名为“核”（为区别原子核，把细胞里的核称为细胞核）。

如果把一个单细胞生物人为地分成两半，使其中一半含有完整的细胞核，另一半不含核，那么有核的一半就能分裂、生长，而另一半则不能。这样，人们就认识到细胞核在细胞分裂中的重要性。

细胞核在细胞分裂中是如何变化的呢？在很长一段时间内，这成了国际性的难题。因为，细胞几乎是透明的，在显微镜下不容易看清其中的亚结构。后来发现，有些染料能把细胞的某些部分染上色，而其他部分却染不上。这样，情况就开始好转了。例如，有一种从苏木中提取的苏木精，就能使细胞核染成黑色，使它在整个细胞中变得十分清晰。

1879 年，德国生物学家弗莱明又发现，细胞核并不是单一的组织，它里面还分布着一些丝状物。因为用红色染料能把这些丝状物质染上红色，于是弗莱明把这种丝状物质又称为染色质。通过对这种染色质的观察，弗莱明成功地看到了细胞分裂过程中的一些变化。虽然用染料给细胞染色时，细胞也失去了生命，人们不可能从一个细胞看到细胞分裂的全过程，但是在许多细胞联合而成的一片组织里，人们能够找到处在不同分裂期的各种细胞，它们呈现出染色质在不同阶段的分布形态。弗莱明把这一个个的静止画面，按照适当顺序排列起来，构成了细胞分裂过程的“动画片”。

1882 年，弗莱明出版了一本描述细胞分裂过程的研究著作。在这本书中，弗莱明指出：细胞开始分裂时，染色质聚集成线状，这时包围细胞核的膜似乎溶解了，同时细胞核外的一个小物体分成了两个（因为这个小物体向四周辐射出线，看上去像天空中的星星，弗莱明把这个小物体称为星体）；星体一分为二后，各自向反方向移动，星体拖着的细丝显然已和排在细胞中央的染色质细丝缠在一起了。这样一来，一半星体把半数染色质丝拉到细胞的一侧，另一半星体将另外半数染色质丝拉

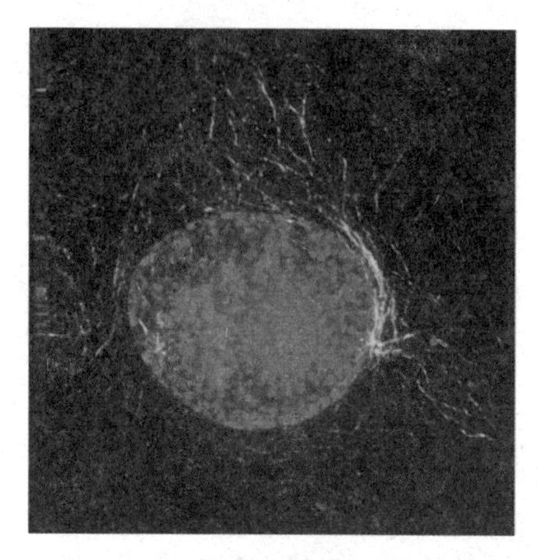

细胞分裂前期

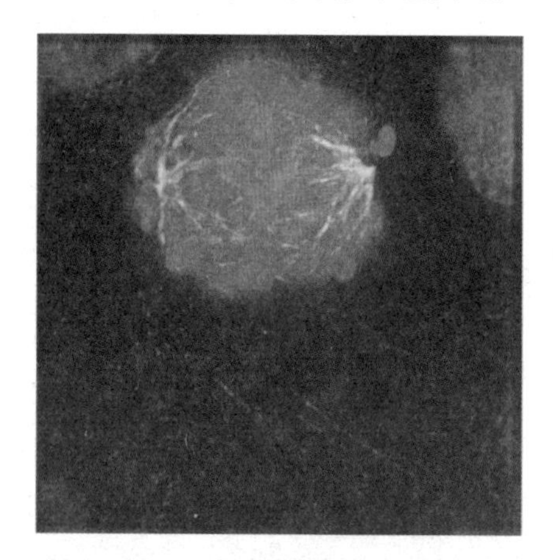

细胞分裂前中期

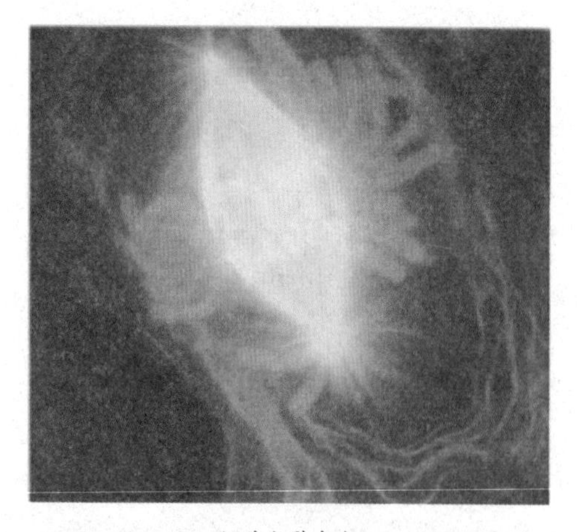

细胞分裂中期

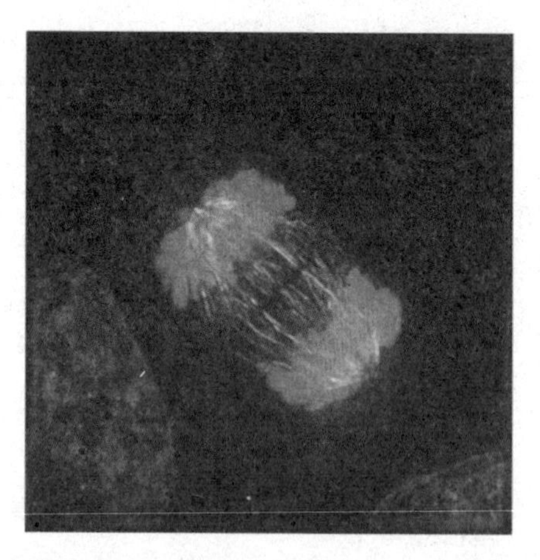

细胞分裂后期

到细胞的另一侧，然后细胞从中部收缩，最后断裂成两个细胞；此后，每个细胞中核膜里的染色质细丝又碎裂成微粒状。因为星体与染色质丝之间似乎有许多细丝联结成纺锤状，弗莱明把这种细胞分裂过程称为有丝分裂。

1888 年，德国解剖学家瓦尔德尔提出了染色体的概念。他认为，细胞在进入分裂时，细胞核中被染色的物质确实纤细如丝，而这种如丝的染色物质随着细胞分裂的发展，能逐渐变粗、变短，这种变粗、变短的染色物质就应该称为染色体。实际上，染色质丝相当于一条又长又细的钢丝，而染色体是由这种钢丝缠绕和压缩成的弹簧。

对染色的分裂细胞继续观察表明，同一物种内的生物，细胞内都含有同样数量的染色体。不仅如此，大量观察的资料表明，细胞内的每一种形态结构的染色体都有两条，即在细胞中的染色体是成对存在的。例如，不管是亚洲人还是欧洲人，是男人还是女人，只要是正常的人，其细胞中都含有 23 对染色体。在有丝分裂过程中，染色体的数目先加倍，然后细胞再一分为二。因此，分裂后的两个子细胞各含有与原来母细胞相同数量的染色体。

1885 年，比利时胚胎学家贝内当发现，生物体依靠细胞分裂形成精细胞和卵细胞。形成精细胞和卵细胞的细胞分裂都发生在成年生物体内，因此，这种细胞分裂特称为成熟分裂。又由于成熟分裂产生的精细胞和卵细胞中，染色体数目只有生物体正常细胞的一半，所以，成熟分裂又称为减数分裂。减数分裂包括好几个头尾紧密衔接的时期，在整个分裂时期，染色体的变化相当复杂。如果我们假定一种生物体的正常细胞中只有 6 条染色体，那么这 6 条染色体一定是两两相同的，即 6 条分属于 3 对，同一对中的两条染色体就是同源染色体。在减数分裂前，还处于染色质状态时，染色质先一分为二（复制），但是这种复制并不是完全彻底的，因为复制成的两条染色质还有一处连在一起。由于这连在一起的地方在分裂继续下去时会有一种丝状物质（纺锤丝）附着在上面，故称为着丝粒。染色质复制以后，逐渐盘绕，变粗变短，形成染色体，通俗说法就是染色质螺旋化成为染色体。然后，同源染色体配成对，同源染色体的配对称为联会，联会而成的一对对染色体称为二价体。由于每个染色体中实际含有 2 条单体（通过着丝粒相连），所以每个二价体中，着丝粒虽只有 2 个，染色体却有 4 条。因此，二价体也可称为四合体，四合体中具有共同着丝粒的两条染色体称为姐妹染色单体，没有共同着丝粒的染色体称为非姐妹染色单体。联会而成的二价体隔不多久又要互相分开，在分开的过程中，有时候非姐妹染色单体之间会发生片段的交换。随着同源染色体的逐渐分开，一个细胞也开始向分成两个细胞的方向发展。当染色体分到细胞的两极后，细胞就一分为二。此时分裂而成的每个细胞中，染色体的数目比原来少了一半，但是每条染色体中，存在着两条单体。紧接着的变化是，具有两条单体的染色体，发生着丝粒的分开。正是由于着丝粒的一分为二而使两条单体各自独立成为染色体。这种原为姐妹染色单体的两条染色体分向细胞的两极，细胞再次一分为二，到这时，减数分裂结束了。在整个过程中，由于染色质（或染色体）只复制一次，而细胞连续分裂了两次，所以由1个细胞分裂成的4个细胞中，染色体的数目减少了一半。由于原来的细胞中的6条染色体分属3对（即在这个细胞中有3种形状的染色体，而每种形状的染色体有2条），这样，由这个细胞经减数分裂产生的4个细胞中，虽然染色体的3种形状都有，但每种形状的染色体只有1条了。这也就是说，减数分裂形成的细胞中，也就是生殖细胞（即精子或卵子）中，只有1套（组）染色体，这种细胞也称为单倍体细胞。当单倍的精子和卵子合并成一个细胞（合子或受精卵）后，合子中的染色体当然就变成了2套（组）。由此可见，减数分裂及精子和卵子结合（受精）是保持生物体染色体数目和种类稳定的两个不可缺一的环节。

现在，已经发明了一种观察染色体的新技术，就是采取适当的方法用低浓度盐水处理细胞，使细胞胀大，使各个染色体分散开来。再用显微摄像术把分散的染色体拍摄下来，并把相片中一个个分开的染色体剪下来。然后把相同长度的染色体配成对，按由长到短的顺序排列，这样就得到了染色体组型，也就是细胞内连续编号的染色体图像。

小资料

染色体组型为医疗诊断提供了一种精巧的方法。因为在细胞分裂时，染色体的分离并不总是完全均等的，染色体可能断裂或受到损伤，因而会形成带缺损染色体的细胞，也会形成染色体数目减少或增多的细胞，这使细胞的功能受到损害，甚至完全丧失。如果在减数分裂过程中发生这些缺陷，后果就特别可怕，因为具有染色体缺损或缺少某种染色体的精细胞或卵细胞，一旦受精成为新生物的起点，那么生物体的每个细胞都会有缺陷，结果就会造成先天性疾病。

例如，在1959年，法国遗传学家勒热纳、戈蒂埃和蒂尔潘在计算三个唐氏综合征患者细胞里的染色体数目时，发现患者细胞中的染色体数比正常人多了1条，即正常人为46条，患者为47条。染色体组型分析结果表明，多的一条染色体属于第21对的。这种疾病是1886年由英国医生唐恩首先发现的，因此叫唐氏综合征。有这种染色体缺陷的患者智力严重低下。到1967年，又发现了一个3岁女孩少了1条21号染色体，这个女孩也表现出智力低下。

自从罗伯特·胡克发现了细胞，经过一个半世纪的漫漫长夜后，终于由弗莱明发现了细胞的分裂过程。当 1900 年孟德尔的结论被重新发现后，细胞学家又激动起来了，他们从自己的专业出发，提出了“莫非染色体就是基因”的思考。

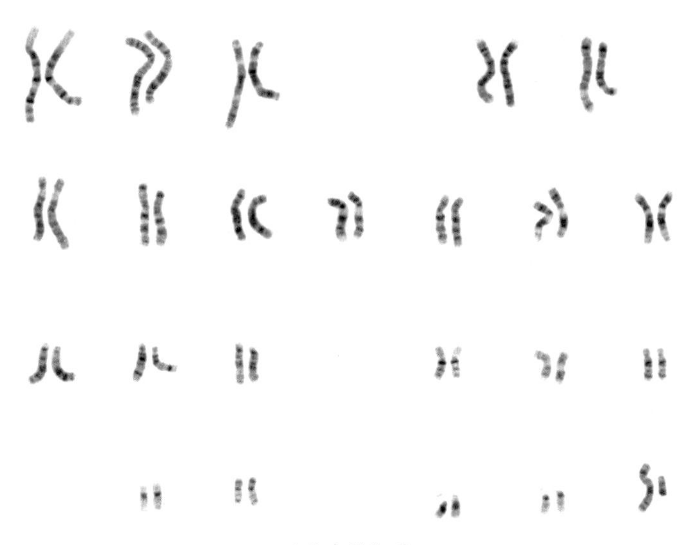

人染色体组型

染色体与基因

把染色体和基因拉上关系的第一人是美国哥伦比亚大学的学生萨顿。萨顿在学生时期，他潜心研究蝗虫的减数分裂。根据减数分裂形成的生殖细胞中只有半数染色体和受精卵中染色体数目加倍的事实，并对照孟德尔关于基因减半和加倍的假说，他在1904年明确指出：染色体和基因有许多相似之处。例如，在生物体的正常细胞中，染色体和基因都是成对存在的；成对染色体的两个成员（称为同源染色体）与等位基因的两个成员一样都是相互一致的，都是一个来自父方，一个来自母方；在生殖细胞里，染色体的数目刚巧是体细胞中的一半，基因也是这样；成对的染色体和成对的基因一样，在减数分裂中都是独立分离的；染色体和基因一样，在细胞分裂时都能产生与自己一模一样的复制物（复本或副本）等。

当萨顿看到了等位基因和同源染色体的许多共同之处后，不仅这位年轻人按捺不住内心的激动，也使整个遗传学领域沸腾起来了。因为自孟德尔提出基因以后，谁也没有看到过基因，有些人也曾把没有看到过的基因认为是根本不存在的，因而把孟德尔当成是唯心论者。细胞分裂中，同源染色体的减半和受精时的同源染色体恢复成对的事实与孟德尔假说的等位基因的变化是何等相似啊！这些迹象表明，莫非基因就是染色体！萨顿及一些细胞学工作者信心十足地指出：如果假定基因就是染色体，那么用减数分裂和受精过程中染色体的变化即能完满地解释孟德尔的两条定律。

萨顿用同源染色体代替等位基因，具体而形象地解释了孟德尔的定律。例如，他用一对同源染色体代替决定红花还是白花的这对等位基因，则纯种红花的一对同源染色体可记做RR，白花的同源染色体可记做rr。纯种红花豌豆减数分裂形成的生殖细胞中就只有一条染色体R，同理，白花豌豆的生殖细胞中也只有一条r染色体，这两种配子（生殖细胞）结合（受精）成的合子中，必然具有R和r这两条染色体。当杂种一代减数分裂时，R和r这对染色体必然分别进入不同的配子中，因此，不管是雄配子（雄性生殖细胞或精细胞）还是雌配子（雌性生殖细胞或卵细胞）都会有两种类型：一类是含有R染色体的，另一类是含有r染色体的。当这些雌、雄生殖细胞随机结合（受精）时，就必然有四种搭配形式，加上R对r的显性，那就得到了杂种二代显性和隐性呈 3∶1 的分离。同理，假定黄子叶和绿子叶的基因是另一对同源染色体，那么，这对同源染色体在减数分裂时的分离确实不受 R 和 r 的影响，当然 R 和 r 的分离也不受其他同源染色体分离的影响。也就是说，各对同源染色体的分离是各自独立的。根据这样的推理，似乎染色体可以代替基因了。可是，萨顿经过冷静思考，又发现了“基因就是染色体”推论的破绽。因为他十分清楚，在生物体的细胞里，染色体的数目是有限的，而每种生物体的性状何止成千上万。既然孟德尔假说一对基因决定一个性状，那么，生物体的基因对数也应该是数以千计或更多。这么说，基因和染色体并不是一回事。

这个正确的思考，使萨顿避免了将基因与染色体划等号的错误判断，同时也促使他进一步去思考：既然基因与染色体不能划等号，但它们之间又存在着那么多的共同特性，那么怎样才能对此作出正确合理的解释呢？

萨顿得到的合理而又科学的推测是：每一条染色体上都携带着多个基因。但是，“闪光的东西并不都是金子”，萨顿的推论在逻辑上无论多么合理，如果得不到可靠的事实支持，也永远不会成为科学真理。1910 年，萨顿求学所在地的美国遗传学家摩尔根教授，用无可辩驳的事实证实了萨顿的推论。

在 1909 年，长期从事动物胚胎学研究的摩尔根教授，根本不相信孟德尔的结论是科学真理，当时他对孟德尔的假说是这样评价的：“在流行的孟德尔理论解释中，性状一下子变为基因，一个因子解释不了的现象就添上一个变为两个因子，再不够又添一个变为三个因子。这种对于简单模式的过分推崇是会失去获取正确理解的机会的。”然而，到 1910 年，摩尔根对孟德尔假说的看法发生了 180° 的大转变，促使他大转变的力量是科学真理。

1904 年，摩尔根开始研究果蝇的胚胎发生。1909 年，在他饲养的果蝇群中，突然出现了一只白眼果蝇，这只白眼果蝇促使他改变了研究方向，把兴趣引向了研究果蝇的遗传。

摩尔根饲养的果蝇原来都是野外生长的，眼睛全是红色的。因此，凡是红眼果蝇都称为野生型，突然在红眼蝇群中出现了一只白眼睛的雄果蝇，这只突然出现的白眼蝇就称为突变型。摩尔根给这只突变型雄蝇，配上一只红眼处女蝇，这对果蝇在

摩尔根

摩尔根特制的“蝇房”中“生儿育女”，当“子女”成熟时，它们的眼睛颜色竟全部像“母亲”，即都为红色，套用孟德尔的语言就可以说红眼是白眼的显性。

摩尔根继续让第一代红眼果蝇实行“同胞”婚配，产生的第二代中，除 3/4 为红眼果蝇外，还出现了 1/4 的白眼果蝇。这样，摩尔根亲自设计和实施的果蝇杂交方案得到的结果与孟德尔在豌豆杂交试验中所得结果完全一致，这使摩尔根增强了对孟德尔遗传定律的信服程度。与此同时，对动物性别怀有浓厚兴趣的摩尔根，除了观察果蝇的红眼、白眼外，他还注意到了果蝇眼睛颜色与性别的关系。当统计杂种二代的果蝇时，他注意到了出现的白眼果蝇全部是雄蝇的事实。

果蝇培养　图片作者：cudmore

摩尔根抓住契机，继续试验。这次杂交试验用的亲本是杂种一代中的红眼雌蝇和突变而成的白眼雄蝇，杂交结果又与孟德尔在豌豆中的测定结果相似，即显性和隐性的个体各占一半。当摩尔根观察果蝇的性别时，发现不管是红眼蝇还是白眼蝇，雌与雄刚好各占一半。

得到了白眼雌蝇，摩尔根按计划给这个雌蝇配上一只红眼雄蝇。这对“夫妻”经过婚配，产生了一群“子女”。其中雄蝇全为白眼，雌蝇全为红眼，即出现了“父传女”和“母传子”的交叉遗传现象。

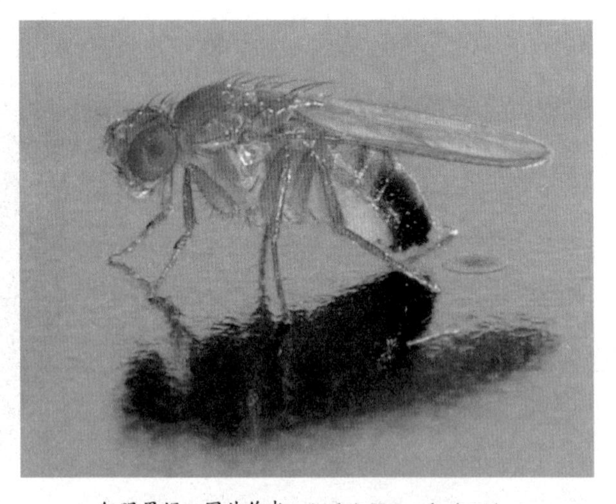

红眼果蝇　图片作者：André Karwath aka Aka

摩尔根在进行了一系列的果蝇杂交试验后，全面地接受了孟德尔的基因决定性状的假说和萨顿的基因在染色体上的推论，并根据自己和威尔逊对果蝇染色体的研究，正式提出自己的假说，那就是果蝇眼睛颜色的基因位于 X 染色体上。

小资料

什么是X染色体呢？这个名词的发明者应属德国的亨金。这位学者用切片法研究半翅目昆虫的减数分裂时，发现在精母细胞减数分裂后期，有一条染色体在向细胞一极移动时，处于落后状态，这位德国细胞学家对这条落后染色体的性质不大理解，就随便起了个“X染色体”的名称，表示这是一种属于未知数的染色体。到1902年，美国的麦克郎第一次把X染色体和昆虫的性别作了联系。沿着麦克郎的思路，许多细胞学家对各种昆虫进行了广泛的研究，终于在1905年由威尔逊证明，在半翅目和直翅目的许多昆虫中，雌性个体的细胞中具有两套普通的染色体，叫常染色体，此外还有两条X染色体；而雄性个体的细胞中也有两套常染色体，但只有一条X染色体。若以符号“A”代表一整套常染色体，则雌虫的染色体组成就可表示为“2A＋2X”，雄虫为“2A＋X”。由于威尔逊的这一发现，在外形还看不出来的情况下，人们可以根据细胞中X染色体的多少来区别动物的性别。于是，人们就把X染色体称做性染色体了。

1908年，史蒂芬斯发现，果蝇的性染色体与威尔逊证明的有点不一样，那就是雄果蝇的精母细胞中除有一条X染色体外，还有一条和它同源的Y染色体，Y染色体呈钩形，比X染色体长。

威尔逊、史蒂芬斯与摩尔根不仅同在哥伦比亚大学任教，而且他们的实验室也相互靠近，他们两位的发现，给了摩尔根很大的启发和帮助。摩尔根把决定眼色的基因定位在X染色体上后，又进行了三组实验。

第一组实验：将红眼雌蝇和白眼突变雄蝇杂交，第一代的雌蝇和雄蝇全部是红眼蝇，而第二代则出现了两份红眼雌蝇、一份红眼雄蝇和一份白眼雄蝇，眼色性状的分离表现为3（红）:1（白）。

第二组实验：将杂种红眼雌蝇与白眼雄蝇交配，得到的后代是一份红眼雌蝇、一份白眼雌蝇、一份红眼雄蝇和一

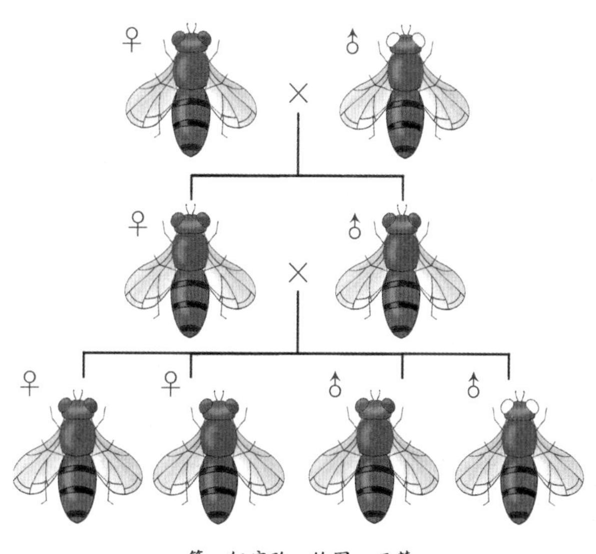

第一组实验　绘图：王慧

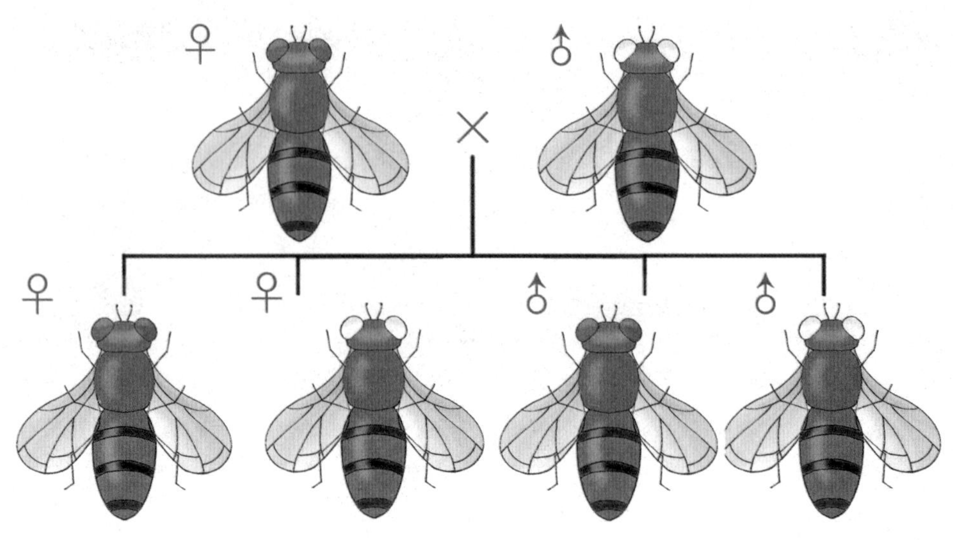

第二组实验　绘图：王慧

份白眼雄蝇。

第三组实验：将白眼雌蝇与红眼雄蝇交配，则出现了后代红眼雌蝇和白眼雄蝇的眼色遗传性状交叉的现象。

三组杂交实验的结果，全部得到了完满的解释。

1911年，摩尔根用同样的杂交试验方法，把几个基因一下子都定位在X染色体上，并提出位于一条染色体上的基因互为连锁基因的概念。1912年，摩尔根在X染色体上发现了18个基因，并且明确指出连锁基因有可能调换位置。这样，摩尔根不仅从孟德尔假说的怀疑论者转变为孟德尔假说的忠实信徒，而且把孟德尔的遗传假说与细胞里的染色体很贴切地联系起来了。更为重要的是，摩尔根提出了连锁基因和连锁基因交换的新观念，这个观念就是遗传学第三定律——连锁交换定律。

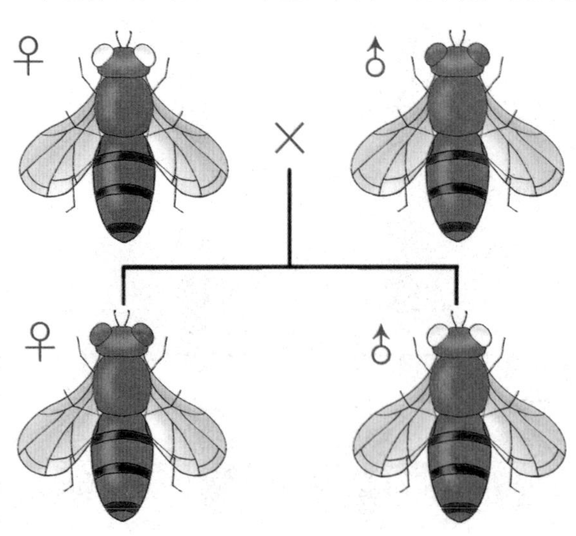

第三组实验　绘图：王慧

在捷报频传的大好形势下，摩尔根及其战斗集体继续兢兢业业地工作。自从提出连锁交换定律后，连锁基因间的交换百分率是一个常数引起了他们的好奇，他们决心解开常数之谜。为此，他们发明了二点测交法和三点测交法。所谓二点测交，就是用两个连锁基因的杂种与这两个连锁基因均为隐性的个体杂交，目的是为了测定这两个连锁基因间的交换位置的百分数。三点测交的意思就是用三个连锁基因的杂合体与这三个连锁基因均为隐性的个体杂交，以便测定这三个连锁基因间的交换位置的百分数。

摩尔根等提出的这种方法，实际上是得益于比利时的细胞学家詹森斯。詹森斯在 1909 年第一次发现了蝾螈性细胞染色体上的交叉结，他认为交叉结的形成是由于联会着的同源染色体之间，曾经发生过非姐妹染色单体等长度的片段互换。摩尔根等人也正是接受了这个观点，才顺利地解决了连锁基因交换的机制问题。举个例子来说，摩尔根等看到果蝇中灰体（黄体）这种体色基因与红眼（白眼）这种眼色基因是连锁的。当用二点测交时，测到的交换百分数为 1%。他们从这个 1% 中就得出：杂种一代的果蝇，进入减数分裂的卵母细胞中一定有 2% 的细胞在同源染色体联会时非姐妹染色单体间发生了等长交换。这种测交和推测如果用图来表示就容易理解了。下面这张图表示灰体红眼杂种雌蝇细胞中的两条 X 染色体组成及形成卵细胞时的两种可能性，即同源染色体之间发生非姐妹染色单体的等长交换和同源染色体间不发生交换。

从下图可以看出，杂种果蝇的一个卵母细胞，在减数分裂时，发生了非姐妹

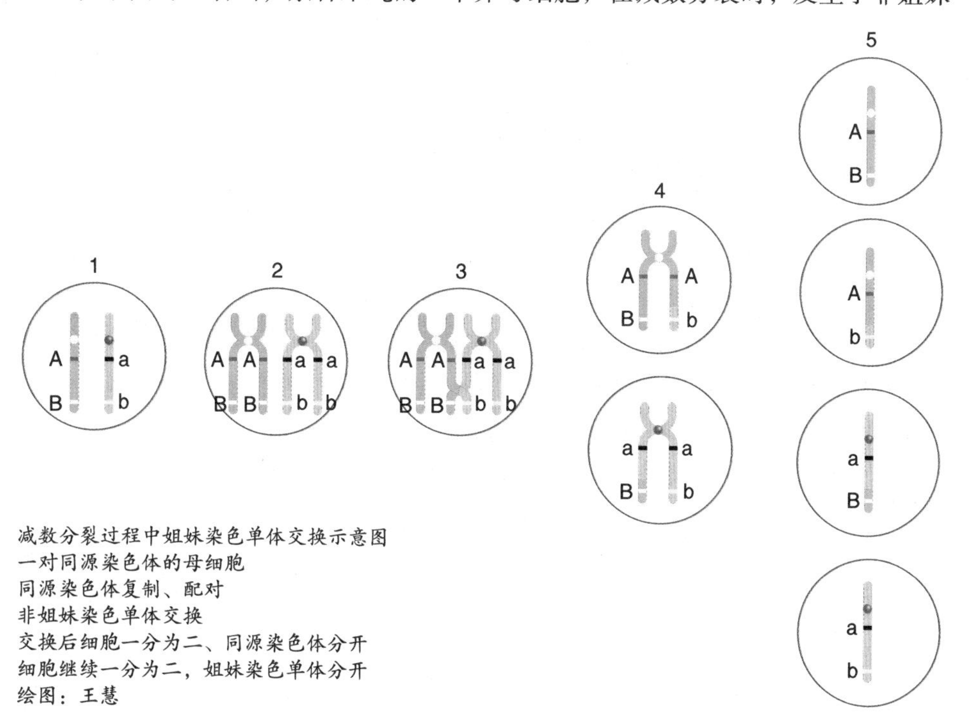

减数分裂过程中姐妹染色单体交换示意图
一对同源染色体的母细胞
同源染色体复制、配对
非姐妹染色单体交换
交换后细胞一分为二、同源染色体分开
细胞继续一分为二，姐妹染色单体分开
绘图：王慧

染色单体的等长交换，必然会得到50%的交换型配子，另外50%的配子是未交换的，如果这些卵细胞与白眼雄蝇产生的精子结合，则所产生的雌蝇一定是红眼灰体、红眼黄体、白眼灰体和白眼黄体这四类，并且数目相等，即各占25%。其中红眼灰体和白眼黄体是由未交换的卵细胞与精子结合而成，称为亲本型；另外两类是交换型，占整个后代的一半。

如果在减数分裂时，假定杂种母蝇进入减数分裂的两个细胞中有一个发生交换，那么那个未交换的细胞所产生的配子中一个交换型配子也没有，而交换的那个细胞产生的配子中交换型配子占50%。按一个细胞减数分裂结束时形成四个配子计算，则交换配子占总配子的25%。同理，交换配子数若为10%（交换值），则可推测，进入减数分裂的细胞中一定有20%的细胞发生了非姐妹染色单体的等长交换。

摩尔根带领他的助手们就是按此原理和方法去测定连锁基因间的交换值的，到1914年，他们共测定了位于X染色体上35个基因的交换值。当他们按照测定的交换值把连锁基因按百分数大小排列起来时，居然把连锁基因连成了一条直线。这条直线上的每个点就是每个基因的位置，这条直线代表着由基因串连起来的染色体。这条由基因串连而成的直线是摩尔根和他的助手们把数学上的概率论用于生物学研究的杰出成果。

1915年，摩尔根和斯蒂特文特、布里杰斯联名发表了《孟德尔遗传机理》一文。1917年，摩尔根又出版了《遗传的物理基础》一书。1926年，摩尔根汇总了所有的研究成果，写成《基因论》一书。由于他在遗传学上取得的成果，他获得了1933年的诺贝尔医学或生理学奖。

摩尔根及其助手们确实为自己在事业上的成功高兴，但是当他们取得一个又一个成果时，引出的问题也越来越多，最使他们困惑不解的是基因怎么能使其负责表现的身体特征显示出来，即基因靠什么机理使豌豆种子变成黄色的，使果蝇翅膀蜷曲或使人的眼睛成为蓝色等问题。他们清醒地意识到，只有冲破研究基因传递行为的形式遗传学的范畴，才能使遗传学获得新生。但是，摩尔根等一代名流，在基因如何发挥作用这样的尖锐问题面前，已是心有余而力不足了。

正当摩尔根等一批老一辈遗传学家为遗传学的继续发展焦急不安时，一批才华横溢的年轻人勇敢地挑起了研究基因作用机制的重担。由于这批年轻人的团结奋斗，终于迎来了分子遗传学的春天，第二次世界大战后的二十多年就是这批青年才俊纵横驰骋的“分子生物学时代”。

蛋白质与基因

黑尿症，镰形细胞贫血症

英国医生凯洛特在临床实践中发现了黑尿症。所谓黑尿症，是指患者的尿在空气中会逐渐变黑的一种疾病。黑尿症患者不仅尿会变黑，其软骨也会变硬、变黑。经尿样分析，发现黑尿症患者的尿液中聚积着一种叫尿黑酸的物质，正常人具有将尿黑酸氧化成更简单的马来酰乙酰醋酸的能力，而得黑尿症的患者则缺乏这种能力，所以出现了黑尿症状。

由于黑尿症不是由细菌或病毒引起的，而是先天就带来的缺陷，凯洛特根据自己的临床实践，把这种因代谢紊乱所引起的疾病称做先天性代谢缺陷。1908年，他在一次由英国皇家学会资助的演讲会上介绍了先天性代谢缺陷的病例，并在1909年把报告内容整理成书发表。他在这本《先天性代谢缺陷》的专著中，对黑尿症这种先天性病作了较详细的论述。

凯洛特发现的先天性代谢缺陷牵动了英国遗传学家贝特逊的心，他想，黑尿症病人的先天性代谢缺陷从何而来？是不是基因所致？这位孟德尔学说的忠诚卫士，对凯洛特医生提供的黑尿症患者的家谱作了分析，家谱分析的结果表明，黑尿症的确是一种遗传疾病，是由隐性基因决定的。

凯洛特完全同意贝特逊的分析，他在《先天性代谢缺陷》专著中就吸收了孟德尔遗传学的观点，他指出："孟德尔因子会以某种方式影响机体内生化代谢中特定的代谢物的产生。"1914年，这位医生在正常人的血液中找到了一种使尿黑酸氧化的物质，这种物质就是尿黑酸氧化酶。根据对正常人和黑尿症患者的研究结果，凯洛特医生推断：黑尿症患者的问题就在于他们的父母没有遗传给他们产生尿黑酸氧化酶的基因。这时，贝特逊根据家谱分析已经得出黑尿症患者是隐性纯合体，从临床角度看，这种患者缺少一种尿黑酸氧化酶。遗传分析和临床诊断的结果，实际上已经指出基因是通过控制酶（酶是一种蛋白质）决定尿液是正常还是黑色的，说得明确一点，就是隐性纯合的人因为没有尿黑酸氧化酶而尿呈黑色。

小资料

1910年，美国芝加哥的医生赫里克曾经报道过一种贫血患者的红细胞与众不同，正常人的红细胞是盘状的，而贫血症患者的红细胞却弯曲成镰刀形，因此赫里克把这种贫血症叫做镰形细胞贫血症。1948年，美国遗传学家尼尔证明，镰形细胞贫血症是常染色体上的一个显性基因变为隐性基因即所谓隐性突变引起的。很明显，如果孩子从父、母双方各得到一个突变基因，孩子的血液中就会出现镰刀形的红细胞，由于这种镰刀形红细胞不能正常携带氧气，所以红细胞的寿命极短，因此患者血液中红细胞数量比正常人少得多，这样，必然引起患者贫血，贫血导致氧气不足，所以隐性纯合子的患者多数夭折。但如果是杂合个体，那么在严重缺氧时（例如在高海拔），这种人的红细胞也成镰刀形，因为这种人也带有镰刀形红细胞的基因。

美国的黑人中大约有9%是带有镰刀形红细胞基因的杂合子，0.25%是这种基因的纯合子。在中非，约有25%的黑人为杂合子，由此推断，这种突变基因最早出现在非洲黑人中，再由非洲向世界各地蔓延。20世纪50年代，另一项研究结果表明，带有镰形细胞基因的人对疟疾具有更强的免疫力，因此在非洲这样的疟疾高发区，土居的非洲黑人反比正常人的生存力强。由于这一原因，至今在非洲黑人中，镰形细胞基因也没有因隐性纯合子夭折而绝迹。但可预料，一旦非洲的疟疾消灭，那么镰形细胞贫血症基因也会逐渐减少。

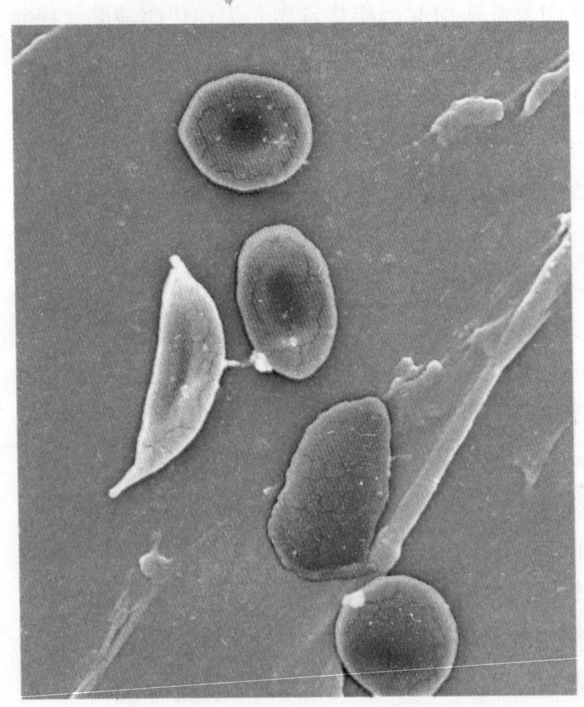
镰刀形红细胞　图片作者：OpenStax College

1949年，美国加利福尼亚理工学院的化学家波林等人用血红蛋白水解产物的电泳技术证明，镰形细胞贫血症患者的血红蛋白与正常人的不同——正常人的血红蛋白在胎儿期为血红蛋白F，成年人为血红蛋白A，而患者为血红蛋白S。这就说明，正常人的基因决定着血红蛋白A（或血红蛋白F），而当这种基因突变以后，突变基因就决定着血红蛋白 S。

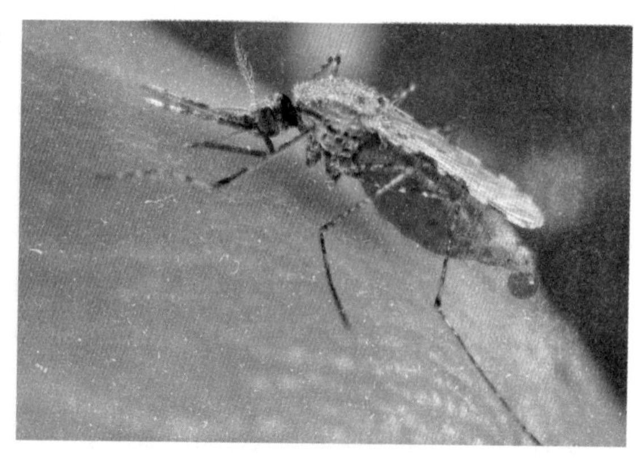

疟疾是一种由疟蚊传播的危险传染病

1953 年，英国著名的生物化学家桑格等突破了分析蛋白质中氨基酸顺序的难题。3 年后，德国血统的美国生物化学家英格拉姆和他的同事们用桑格创造的氨基酸顺序分析法对正常人和镰形细胞贫血症患者的血红蛋白作了氨基酸顺序的分析。分析结果表明，在血红蛋白的 4 条多肽链中，正常人和患者的差别在于 β 链上第 6 位的氨基酸。正常人的 β 链第 6 位是谷氨酸，而患者是缬氨酸。在这里，真是"失之毫厘，差之千里"呀！

波林和英格拉姆等人的精确分析表明，基因突变引起了表型改变，而突变基因改变了蛋白质的组成。

人的头发有黑、棕和黄的差别，头发的颜色是受基因控制的，而黑、棕和黄的不同表现却直接决定于一种叫做酪氨酸酶的蛋白质。头发黑色是因为有黑素的原因，黑素是一种叫做酪氨酸的氨基酸经过一系列的化学反应变化而成的，化学反应中途停顿便形成棕色或黄色色素，甚至什么色素也不产生。酪氨酸是怎样来的呢？是生物体直接从食物中得到的。此外，也可以用结构更简单的养料制造。制造酪氨酸需要好几种都称为酶的蛋白质，没有蛋白质就不可能造出酪氨酸，更不能得到黑素。

我们都知道，血液是红色的，那么为什么血液会呈红色？原来血液中的红细胞里面充满着血红蛋白的缘故，血红蛋白是一种与红色素结合而成的蛋白质。

血型是由基因决定的，而发现 ABO 血型的卡尔・兰斯坦纳博士却是以红细胞表面上特殊的蛋白质为依据的。直到今天，确定某个人的血型，仍是以某种特异蛋白质为依据的。

玉米的高矮实际上也是决定于有没有分解生长素的蛋白质。如果有，那么玉米为矮秆；没有，玉米就是高秆。

无论是动物还是植物，其性状都是蛋白质的直接或间接体现，就连噬菌体，其形状也是蛋白质结构的反映。

孟德尔早就提出性状是由基因决定的，那么直接或间接体现生物体性状的蛋白质难道就是基因吗？

幽灵附体

基因究竟是什么？实际上早在1926年，当摩尔根发表《基因论》时就开始寻找这个问题的答案了，可直到1944年才告一段落。

这种马拉松式的研究，是由英国细菌学家格里菲思在1928年拉开序幕的。也许是出于救死扶伤的人道主义，格里菲思对引起肺炎的一种肺炎球菌产生了兴趣。他开始将肺炎患者的痰注入小鼠体内，这样能使小鼠在24小时内呜呼哀哉。他将死鼠解剖，从心脏中取出血液，当用显微镜检查这些小鼠的血液时，在显微镜视野中显现出一片“穿着”一层很厚并且透明的“衣服”的肺炎球菌，这层透明的“衣服”真名叫荚膜。

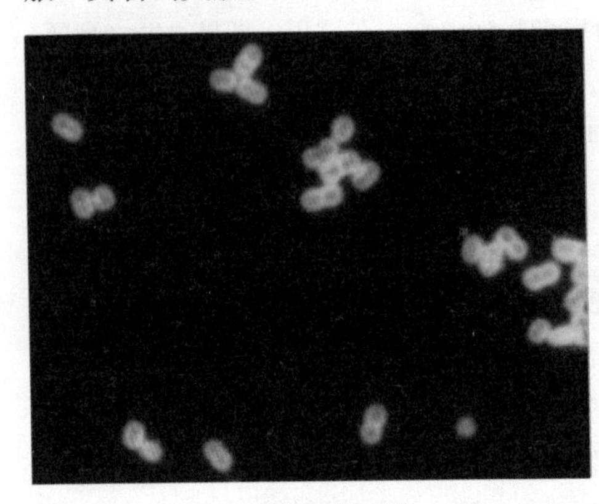

肺炎球菌

格里菲思对这种肺炎球菌和它的荚膜进行了研究。他发现肺炎球菌一方面靠荚膜保护自己，另一方面又靠这层荚膜毒害其他生物。如果人工培养这种球菌，这些球菌的荚膜就能在培养基上“联合”成光滑的球形“复合体”，它就是肺炎球菌菌落，也有人称它为克隆。由于这类肺炎球菌这一特点，被取名为光滑型(或S型)肺炎球菌。而如果这些“穿着衣服”的肺炎球菌被“脱掉衣服”，这时它们就显得毛毛糙糙，并且失去了使其他生物患肺炎的能力，这时的肺炎球菌就叫粗糙型（或R型）肺炎球菌。

同是肺炎球菌，“穿着衣服”和“脱去衣服”的这两种菌有什么关系呢？请看格里菲思的试验：他加热灭活S型活菌，然后把它们注射入小鼠体内，小鼠依然如故；如果把R型活菌注射进小鼠体内，小鼠也活蹦乱跳；而当将灭活的S型与R型活菌同时注射进小鼠体内时，出现了令人惊奇的结果，不出24小时，小鼠无一例外地命丧黄泉。

为查明原因，格里菲思从死鼠心脏中取出血液进行检查，血液里竟出现了大量的S型活菌。

S型活菌不是明明被灭活了吗？现在小鼠血液中又出现的S型活菌是从哪里来的？有没有这样一种可能，S型活菌虽被灭活，而死菌的“幽灵”依然在游荡，游荡着的“幽灵”碰到粗糙型（R型）菌时，立即附着在粗糙型菌体上，并使粗糙型变成了光滑型？也就是由 R 型变成了活 S 型。乍一看，这种“幽灵附体”的推理似乎幼稚可笑，但在格里菲思提出这种想法后的 3 年，事实恰恰证实了这种设想。证实想法和提出想法的都是这位格里菲思，他仍旧用火灭活 S 型活菌，为了确证大火确实灭活了 S 型活菌，他把灭活后的菌体安放在人工配制的培养基上，在适宜温度下培养，随着时间推移，培养基上没有任何菌体复活。而当他将灭活的 S 型活菌与 R 型活菌共同培养时，培养基上除长出 R 型细菌外，光滑的 S 型菌落也清晰可见。

看了这种人工培养试验，谁都不会否认“幽灵附体”的真实性了。按格里菲思的说法，S 型细菌的“幽灵”使 R 型转变成 S 型的现象就称为转化。

S 型的“幽灵”是什么？为了寻找这个“幽灵”，整整花去了 10 年大好时光。到 1944 年，美国的 3 位生物化学家艾弗里、麦卡蒂和麦克劳德向全世界公布了他们 10 年来追踪“幽灵”的结果。他们的结果引起了全世界的轰动，赞叹伴随着责难、

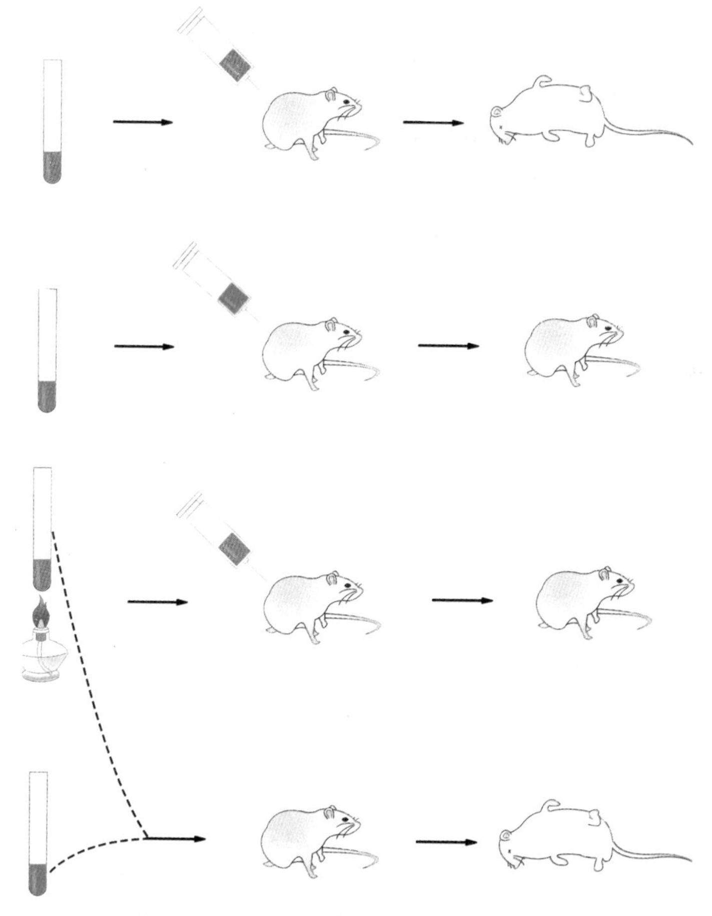

格里菲思实验 红色为 S 型菌、绿色为 R 型菌　绘图：王慧

惊讶与疑虑一起激励着一批有识之士去开创基因本质研究的新领域。在科学发展的道路上，任何好汉要是得不到帮手，就会像无桩的篱笆那样无法在大地上站稳脚跟。

为了追踪查明S型肺炎球菌的“幽灵”是怎样附着于R型躯体上并将其还原为S型躯体的，艾弗里等人首先把S型的细菌捣碎，然后用化学法和酶催化法除去“碎尸”中的各种蛋白质、类脂和多糖等物质，并用脱氧胆酸钠从“碎尸”中提取出1毫克纯净的脱氧核糖核酸（DNA）。只要在培养R型肺炎球菌时加进六亿分之一毫克来自S型的DNA，培养基上就会出现50%的S型菌落，这说明，S型的DNA能使R型变成S型。艾弗里等人在培养R型菌时，还加大了S型DNA的用量。当培养基中S型DNA的量达到0.01微克时，R型菌个个都变成了S型。更令人信服的是，在R型菌的培养过程中，同时加入S型的DNA和一种专门分解DNA的酶，此时培养基上长出的全部是R型菌落，再也不出现S型菌落了。

于是，艾弗里等人进一步设想，既然S型DNA对R型菌落的生长能引起变化，那么反过来，如果用R型的DNA，能否使S型的细菌变成R型呢？艾弗里等人用实验回答了这个问题，答案是肯定的。

对于DNA使肺炎菌落在培养过程中发生的戏剧性变化，艾弗里等人提出了一个合理而又无法得到答案的问题，那就是，S型的DNA能使没有荚膜的细菌长出荚膜吗？难道决定肺炎球菌的荚膜有或无、菌落是光滑还是粗糙等性质和形状（性状）的基本原因（基因）就是DNA吗？或者说，基因的化学本质就是DNA吗？这个问题，艾弗里等三人没有把握坚持它的正确性。不过，艾弗里等三人对自己实验的正确性是坚信无疑的。

小资料

正在遗传学界对艾弗里等人公布的结果众说纷纭、莫衷一是的混乱时刻，美国的赫尔希和蔡斯用一种连贯生命与非生命的“桥梁”——噬菌体平息了遗传学界的这场争论，并掀起了研究DNA的热潮。

噬菌体，顾名思义是能吃细菌的物体，这种物体离开了细胞是一种无生命的物体，而一旦进入细胞，这种物体就具有生物体的新陈代谢、繁衍后代等一切特性。一种专食大肠埃希菌的噬菌体，外形酷像蝌蚪，既有短而粗的头，也有一条尾。当这种噬菌体遇到大肠埃希菌时，先把尾搭住细菌并在细菌身体上开一小孔，然后把里面的物质通过小孔“送人”细菌体内，大约过了半小时，细菌破裂了，数以千计的噬菌体形成了。

1952年，赫尔希和蔡斯用放射性硫（^{35}S）和磷（^{32}p）标记噬菌体，根据硫只能在蛋白质中出现，而磷既可出现在蛋白质中又可出现在DNA中的特点，再根据噬菌体“吃”细菌的特点，跟踪放射性硫与磷的显示，观察到噬菌体的外壳只有放射性硫，而从外壳内部进入细菌的物质，既有放射性硫，也有放射性磷。这样，赫尔希和蔡斯就得出了无可辩驳的结论：噬菌体的外壳是蛋白质，而内部物质是DNA，这也说明是DNA在“指导”着蛋白质的形成，即DNA决定着蛋白质的合成以及蛋白质的性质和构型。

这两位科学家从实验中得出的结论，对艾弗里等人提出的基因可能就是DNA的推论是直接的支持。事实难道不正是这样吗？噬菌体这种只由DNA和蛋白质两种物质组装成的生物体，在DNA进入大肠埃希菌细胞后，不仅能利用大肠菌里的氨基酸等多种物质形成噬菌体的蛋白质和噬菌体的DNA，而且还“指导”这两种物质组装成新的噬菌体。

噬菌体结构示意图　图片作者：Adenosine

无独有偶，从另一项对烟草花叶病毒（TMV）感染烟草的研究结果看，同样也支持这种观点。

烟草花叶病毒是在研究烟草花叶病时被发现的。烟草在生长中得花叶病时，叶面会长出一条条的斑纹，变得斑斑驳驳，甚至整株叶子都卷起来，最后完全枯萎、腐烂。19世纪90年代，俄国植物学家伊凡诺夫斯基对这种现象进行过多次观察研究，最后也没能找到使烟草得花叶病的细菌。但是根据实验的结果，伊凡诺夫斯基判断，使烟草生花叶病的，是一种“活的最小的有机体”。它比细菌还要小，小到一般的显微镜看不见，能透过一般的过滤纸。这是1892年伊凡诺夫斯基在他的《烟草花叶病》论文中介绍的内容。

1897年，荷兰的细菌学家贝哲林克重复并证实了伊凡诺夫斯基的试验，并认为引起烟草发病的原因可能是一种很小的分子，大概与糖分子差不多大小，贝哲林克把这种推测中的分子称为滤过性病毒。

1914年，德国细菌学家克鲁泽证明了一般的感冒也是病毒引起的。到1931年，至少已经知道有40余种疾病是病毒引起的，但病毒是死的还是活的，生物学家确实无法作出结论。1935年，美国生物学家斯坦利用蛋白质分离技术得到了烟草花叶病毒的结晶体。晶体与生命似乎是相互对立的——生命体是柔软、可变和能活动的，而晶体则是僵硬、固定和极有规则的。然而，即使结晶过的病毒，仍然具有生长和繁殖能力，这又是生命的本质。

1936年是一个转折年。两位英国生物化学家鲍登和皮里证明，烟草花叶病毒

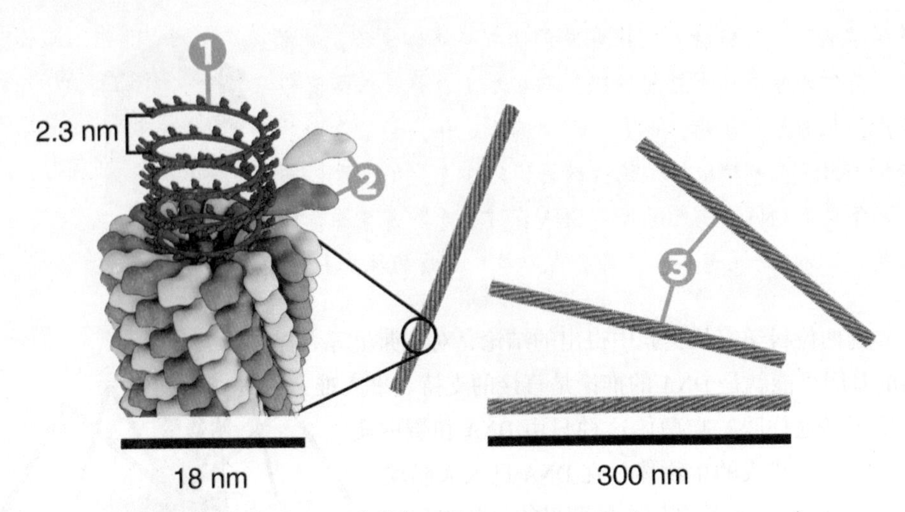

烟草花叶病毒结构模型 图片作者：Thomas Splettstoesser（www.scistyle.com）

感染烟草花叶病毒的叶片

含94%的蛋白质和6%的核糖核酸（RNA）。也就是说，烟草花叶病毒（TMV）原来是蛋白质外壳包裹着核糖核酸的物质颗粒。

1956年，美籍德国人弗伦克尔·康拉特和威廉斯一起，做了一个名为烟草花叶病毒的重建试验。他们把烟草花叶病毒的蛋白质和核糖核酸分开，分别放到烟草植株的叶片上，烟叶没有发病；当把这两种物质混合起来放到烟草植株的叶片上时，烟叶得病了，因为烟叶出现了花斑。他们根据这个结果，认为已经用无生命的物质创造了生物。

1957年，弗伦克尔·康拉特用两种不同的烟草花叶病毒进行了调换核酸和蛋白质后的组装试验。研究结果也清楚地说明，在烟草花叶病毒中，是RNA（核糖核酸）决定了蛋白质的合成和性质，而不是蛋白质决定RNA。他用的两种烟草花叶病毒是S系和HR系。这两种病毒能使烟叶产生不同形状的花斑（我们在这里称为S型花斑和HR型花斑）。弗伦克尔·康拉特先把S系和HR系病毒都拆卸成RNA和蛋白质两部分，再将S型蛋白质和HR型RNA混合起来，当然也把S型的RNA与HR型的蛋白质作了混合，然后把故意调换蛋白质和核酸的混合物放到烟草植株的烟叶上，叶片都出现了花斑。在仔细辨认花斑的种类时，可以清楚地看到凡是混合物中的RNA是S型的，那么烟叶上的花斑为S型花斑；混合物中的RNA是HR型的，花斑也为HR型，这说明花斑的种类取决于RNA的种类。弗伦克尔·康拉特从这些烟草的花叶中分离出了新的病毒，使他意想不到的是，新病毒的蛋白质和核酸已没有一丁点儿调换过的痕迹了，即混合液原来是S型蛋白质和HR型核酸的话，在由这种混合液引起了烟草花叶病（HR型花斑）的烟叶中分离出来的病毒全是道道地地的HR型病毒，在S型花斑的烟叶中分离出来的病毒是标准的S型病毒。这个结果证明，RNA决定了病毒颗粒中的蛋白质性质。

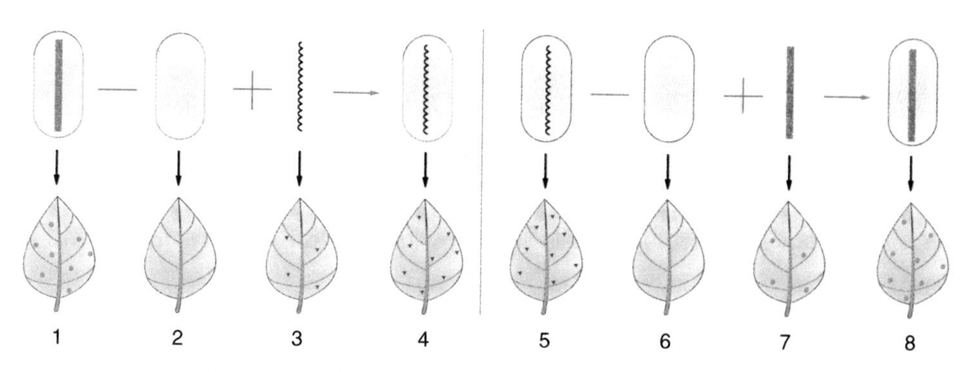

插图：牛伦克尔·康拉特的烟草花叶病毒组装试验
1. 完整的TMV（S系）
2. S的蛋白质，烟叶不生病
3. HR系的RNA，烟叶出现少量HR型病斑
4. S系的蛋白质与HR的RNA混合，产生HR型病斑
5. 完整的TMV（HR系）
6. HR系的蛋白质，烟叶不生病
7. S的RNA，烟叶出现少量S型病斑
8. HR系的蛋白质与S的RNA混合，产生S型病斑
绘图：王慧

赫尔希的噬菌体试验结果和弗伦克尔·康拉特的烟草花叶病毒组装结果都说明，艾弗里等人提出基因的化学本质是核酸（若是具有DNA的生物，其基因的化学本质为DNA；只有RNA的生物，其基因的化学本质为RNA）是正确的。从此，古老的核酸就成了生命科学中的新话题。

一切遗传特性的表现，离不开蛋白质，甚至一切生命活动都离不开蛋白质，这是科学的结论。但是，科学研究的结果也否定了蛋白质就是基因的设想。

作为基因，一定要在精子或卵子中存在。生物体的蛋白质种类至少数以千计，可在生殖细胞中找不到这些蛋白质的所有痕迹。作为基因，一定要能一份变成一模一样的两份，即具备拷贝能力，蛋白质没有这样的能力。因此，虽然蛋白质与性状密切相关，但依然无权充当基因的角色。

难道在生殖细胞中能找到核酸吗？难道核酸能自我复制吗？既然所有性状离不开蛋白质，那么核酸能控制蛋白质吗？这一系列问题只有在开启核酸的大门后才能作出回答。

有扶手的旋转楼梯

核酸在 1869 年已被发现，由于它的功能无人知晓而沉睡了 70 余年。

发现核酸的是瑞士青年米歇尔。这位青年在他的叔叔、当时颇负盛名的医生落斯的熏陶下，早就立志要从化学基础上解决组织发育的根本问题。为此，他孤身一人远离家乡来到德国杜宾根大学拜师学艺，师从生物化学家塞勒，专攻细胞化学的组成成分。

要进行这种研究，米歇尔必须拥有相当数量的细胞作为实验材料。他知道，外伤患者的脓血实际上都是由细胞组成的。为了少花钱多办事，他从附近外科诊所的废物箱中捡来满是脓液的绷带，并用盐水洗下脓液。此时脓液中的细胞集结成团并膨胀成明胶状，细胞的完整性破坏了。要是用硫酸钠稀溶液冲洗绷带，得到的脓液中，细胞依然完好并很快下沉而与脓液中的其他成分分开。就这样，米歇尔得到了很多白细胞。

得到白细胞仅仅是米歇尔工作的第一步，紧接着他用酸溶解了包围在白细胞外面的大部分物质而得到了细胞核，再用稀碱处理细胞核时，他又得到一种含磷量很高（2.5%）的物质。这种物质引起了他的兴趣，因为这种物质从未有过报道。米歇尔把这种位于细胞核中含磷量特别高的物质称为“核素”，并将自己的研究结果整理成文呈送他的导师塞勒后就打道回府了。

从德国回到瑞士，米歇尔依然不忘他发现的核素。故乡莱茵河畔的渔场又成了他经常涉足的地方，因为那里有他取之不尽、用之不竭的实验材料——鲑鱼精子。不仅取材方便，更使这位年轻人欣喜的是，鲑鱼精子中细胞核差不多占了细胞的 90%。当然，米歇尔的兴趣不在细胞核，而在于细胞核中的核素。他紧紧盯住核素，非要把核素弄个

米歇尔

水落石出。真是一份播种一份收获，由于争分夺秒地劳作，米歇尔在很短时间内就查明了核素中含有许多由磷酸产生的酸性基团，核素是一种由大分子组成的物质。

正当米歇尔在莱茵河畔追踪核素时，他的德国导师塞勒也从酵母菌中提取出了核素。照塞勒的看法，酵母中的核素与米歇尔提取的核素并不相同，因此他把酵母中提取出来的核素称为“酵母核素”，而米歇尔发现的核素由于很容易从动物的胸腺中取得，所以称为“胸腺核素”。很长一段时间内，人们一直把这两种核素看作是植物和动物间的一种普遍的化学差异。

1879 年，塞勒的另一名高足、德国生物化学家科赛尔开始系统研究核素的结构。他用水解核素的办法从核素中分离出一些含氮化合物。经过十多年的努力，他从酵母核素和胸腺核素中，除得到两种嘌呤和两种嘧啶物质外，还发现存在碳水化合物。1898 年，奥尔特曼首次建议用“核酸”代替“核素”。

1909 年，科赛尔的学生、俄国血统的美国生物化学家莱文证明，酵母核酸中的碳水化合物是由 5 个碳原子组成的核糖分子。到 1930 年，他才发现胸腺核酸中的糖分子仅仅比酵母核酸中的糖分子少 1 个氧原子，因此他把这种糖分子称为脱氧核糖。从此以后，酵母核酸就改名为核糖核酸（RNA），而胸腺核酸则被称作脱氧核糖核酸（DNA）。这两种核酸除糖分子有点差别外，还有一个嘧啶是不同的。核糖核酸中是尿嘧啶，而脱氧核糖核酸中为胸腺嘧啶。

1934 年，莱文把核糖核酸和脱氧核糖核酸分解为含有 1 个嘌呤（或嘧啶）、1 个糖分子和 1 个磷酸分子的许多片段，并把这种片段叫做核苷酸。这样，莱文认为，核酸是由核苷酸连接而成，而根据核苷酸中包含的嘌呤和嘧啶的种类不同，核苷酸又可以分成 4 种。在脱氧核糖核酸中，4 种核苷酸是：腺嘌呤（A）核苷酸、鸟嘌呤（G）核苷酸、胞嘧啶（C）核苷酸和胸腺嘧啶（T）核苷酸，在核糖核酸中是：腺嘌呤（A）核苷酸、鸟嘌呤（G）核苷酸、胞嘧啶（C）核苷酸和尿嘧啶（U）核苷酸。

那么，这 4 种核苷酸是怎样连接起来的呢？解答这个问题的是英国生物化学家托德。他根据实验结果指出：两个相邻核苷酸的糖分子由一个磷酸分子连接着，因此，核酸分子中贯穿着一个“糖－磷酸”骨架，由这个骨架伸出嘌呤和嘧啶，每一个核苷酸都伸出一个。

美国的生物化学家查尔加夫和霍契基斯用纸层析法分析了脱氧核糖核酸的组成成分，他们发现了这样的事实：在特定的 DNA 分子中，嘌呤类核苷酸的总数总是与嘧啶类核苷酸的总数相等；腺嘌呤（A）核苷酸的数目总是等于胸腺嘧啶（T）核苷酸的数目，鸟嘌呤（G）核苷酸的数目等于胞嘧啶（C）核苷酸的数目，即 A=T、G=C、A+G=T+C。

也许是核酸的生物功能唤起了科学家的热情吧，除像查尔加夫等一批科学家从化学、生物化学角度对核酸进行深入研究外，另一些科学家用X射线衍射技术研究DNA也取得了重大突破，其中成绩卓著的学者首推英国的威尔金斯。

威尔金斯等在伦敦金氏学院（属伦敦大学）用X射线衍射技术对DNA的结构潜心研究了3年，意识到DNA是一种螺旋结构，但由于照片模糊不清而使研究陷入困境。为了尽快走出困境，威尔金斯的老师兰道尔请来了女物理学家富兰克林。富兰克林凭她的精湛技术，在1951年底得到了一张十分清晰的DNA的X射线衍射照片。但是，缺乏生物学知识的富兰克林面对清晰的DNA照片，提不出任何看法。但对正在探索DNA结构的威尔金斯来说，这张照片却是他们实验室的一件难得的、宝贵的集体财富。威尔金斯向其好友、英国的生物化学家克里克介绍了这张照片，到意大利那不勒斯开会时，又在会上作了详细的介绍。威尔金斯的报告还打动了美国青年沃森的心。这位身材瘦小的青年早已决心为阐明遗传信息的结构基础而付出毕生精力。那不勒斯会议后不久，他在英国剑桥的卡文迪许实验室研究DNA的X射线晶体学了。

卡文迪许实验室不仅集中着一流水平的研究好手，而且也经常接待世界各地的高手。1952年，卡文迪许实验室的克里克接待了来自美国的查尔加夫。查尔加夫向克里克介绍了自己最近在脱氧核糖核酸的研究中，发现了A=T、G=C这样的事实。嘌呤和嘧啶的数目怎么会总是相等呢？思想敏锐的克里克立即意识到，这只有一种可能，那就是它们之间互相以配对的形式而存在，于是他提出了DNA中嘌呤与嘧啶配对的假设。

1952年的最后一天，美国的鲍林向美国科学院送交了DNA三链模型。消息传到沃森那里，这位青年再也不能平静了。他急赴伦敦与威尔金斯、富兰克林等权威讨论鲍林的模型。在那里，威尔金斯首次出示了富兰克林在一年前拍下的DNA的X射线衍射照片。在照片上，沃森看到了DNA的内部是一种螺旋形的结构，他一方面被这样清晰的照片所折服，同时又有了一个新的看法：DNA不是三链结构而应该是双链结构。

根据来自各方面的对DNA研究的信息，加上自己的研究和分析，沃森和克里克得到一个共识：DNA是一种双链结构。于是，他们在卡文迪许实验室中联手开始搭建DNA双链模型。在搭建模型的过程中，鲍林实验室的氢键专家杜诺休来到他们的身旁。杜诺休指出，在克里克搭建的模型中，碱基的化学构型应采用酮式而不应采用醇式。真是“一言值千金”，正在为搭建模型苦苦思索的沃森和克里克立即采纳了杜诺休的意见。他们从1953年2月22日起，夜以继日地奋战，终于在3月7日将想像中的DNA模型搭建成功。这一天，托德、威尔金斯等一批尊贵的客人参观了他俩搭建的DNA模型。这些权威在新模型面前，除了赞叹外就是惊讶。

不久，沃森、克里克模型引起了提出DNA三链模型的鲍林的注意。这位三链模型的创造者，理所当然地将自己的三链模型与沃森、克里克的双链模型进行了反复的比较。在比较之后，鲍林心悦诚服地指出：沃森、克里克的模型正确地反映出了DNA的分子结构。威尔金斯的老师兰道尔也怀着极其喜悦的心情在英国《自然杂志》上安排了三篇文章，一篇是沃森、克里克署名的《核酸的分子结构》，另两篇是威尔金斯及其合作者以及富兰克林和戈林署名的支持沃森和克里克的文章。

沃森和克里克　图片作者：Maclyn McCarty

这三篇都不足1 000字的文章发表的日期是1953年4月25日。从此以后，遗传学和生物学的历史都从细胞阶段进入了分子阶段。在长达25年的发展过程中，一个个的成果、一次次的进展都集中反映在沃森、克里克两人提出的“螺旋圈”结构上了。

沃森和克里克搭建的DNA模型就像两边有扶手、沿着同一垂直轴向右绕转的楼梯，两边的扶手是糖和磷酸连接成的主链，每条链（扶手）朝着对面的链伸出嘌呤或嘧啶，两条链之间的嘧啶连着嘌呤，犹如扶手间的阶梯。

在这个双螺旋模型中，腺嘌呤（A）一定与另一条链上胸腺嘧啶（T）相接，而鸟嘌呤（G）必然和另一条主链上的胞嘧啶（C）相连。这样，查尔加夫发现的A=T、G=C的事实在这个模型中既得到了合理的解释，也得到了具体体现。

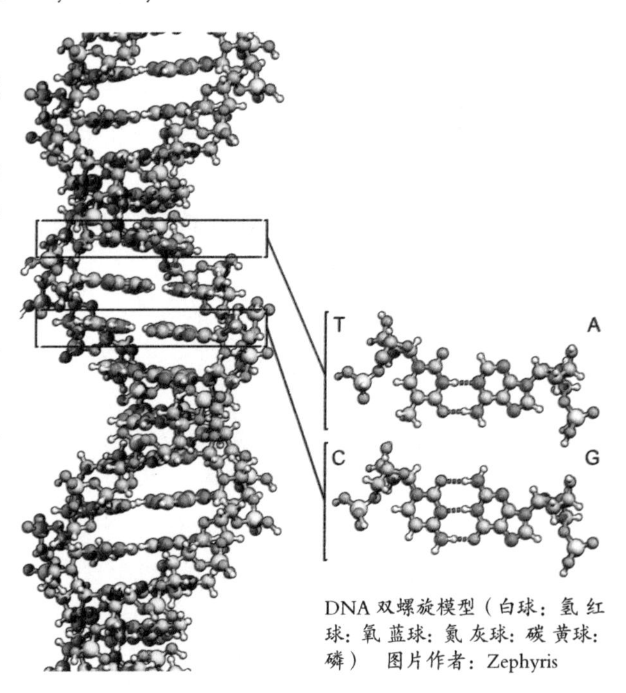

DNA双螺旋模型（白球：氢 红球：氧 蓝球：氮 灰球：碳 黄球：磷）　图片作者：Zephyris

这个双螺旋模型凝聚着许多科学家长期探索所付出的心血，这个螺旋圈能够解释子女为什么像父母，为什么又会与父母发生差异等一系列遗传学和生物学难题。因此，这个模型的公布，引起了全球的轰动，推动了生物学的飞速发展。鲍林在1953年就指出：“我相信DNA双螺旋的发现以及将要取得的进展，必将成为近一百多年来生命科学以及所有我们对生命认识的最大进步。”另一位美国学者德尔布吕克在给沃森、克里克的信中倾吐了自己的感想，他说：“我有一种感觉，如果你们的模型是正确的话，如果所建议的有关复制的本质有一点正确性的话，那么地狱之门就会打开，理论生物学将进入一个最为激动人心的时期。”

粗看起来，DNA的结构似乎十分简单，在每个核苷酸的组成中，磷酸和脱氧核糖都是相同的，不同部分只是嘌呤和嘧啶这样的碱基，而在DNA中，碱基总共也不过4种。可是，每个DNA分子包含着许多核苷酸，双螺旋间的核苷酸配对虽然十分严格，但相邻两对核苷酸的排列并无任何限制。这好像拍电报所用的电码，虽然电码符号只有“·”和“—”两种，但当把“·”和“—”按不同顺序排列起来时，就可以表达各种不同的内容了。在DNA分子中，至少有100对核苷酸，因此，4种不同的核苷酸在DNA中的排列方式至少就有4^{100}种。我们知道，4^{100}表示的是用4自乘100次，想想看这个数字该有多么庞大！这样庞大的数字说明DNA分子的多样性几乎是无限的，最起码超过蛋白质。

DNA分子中的核苷酸排列顺序，实际上是生物体遗传的“电报”，它包含有大量的信息。信息的表达就是生物体表现出的性状。

毫无疑问，生物种类不同，DNA分子的大小也不相同。越是复杂的生物体，DNA分子就越大。不同的DNA分子在适当的条件下还可能互相连接成更大的分子。

小资料

沃森和克里克在《自然》杂志上发表了第一篇创世纪的文章后，不多久又给《自然》杂志撰写了第二篇文章，文中提出了DNA分子一个变成两个的复制假说。按照他们的看法，每个DNA分子双螺旋，先分成两个单螺旋，每个单螺旋再利用细胞中现成的嘌呤、嘧啶及酶重建失去的那一半。单链上腺嘌呤处接上胸腺嘧啶，单链上的胞嘧啶处就将配上一个鸟嘌呤。实际上，每个单螺旋好像翻砂工用的模子，按照固有的形式，浇铸出一个个与模子相匹配的产品。所以，DNA的一个单螺旋在形成一个完整分子中起主导作用，新形成的DNA分子中，有一半是原有分子保留下来的。因此，人们将DNA分子由一个变两个的复制特称为半保留复制。

1957 年，美国哈佛大学生物学教授梅塞尔森和他的学生斯塔尔用原子量大的重氮标记 DNA，然后追踪重氮在细胞分裂过程中的行迹，终于证实了 DNA 的半保留复制假说。

差不多在同一时刻，美国斯坦福大学医学院的科恩伯格和梅塞尔森各自在大肠埃希菌中分离出了高纯度的 DNA 复制酶。在这种酶液中，如果加入一点镁盐、现成的 DNA 和 4 种脱氧核苷酸，那么就能形成新的 DNA，而形成的新的 DNA 与加入酶液中的现成的 DNA 完全一样。科恩伯格与梅塞尔森的工作同样也支持了半保留复制假说。

20 世纪 60 年代，日本的冈崎指出，DNA 复制时，先是双螺旋拆成两个单螺旋，每个单螺旋都作为“模板”，在 DNA 复制酶（也叫聚合酶）的参与下，先分头形成一个一个片段（称为“冈崎片段”），然后由 DNA 的连接酶把许多冈崎片段连接成一个长链。

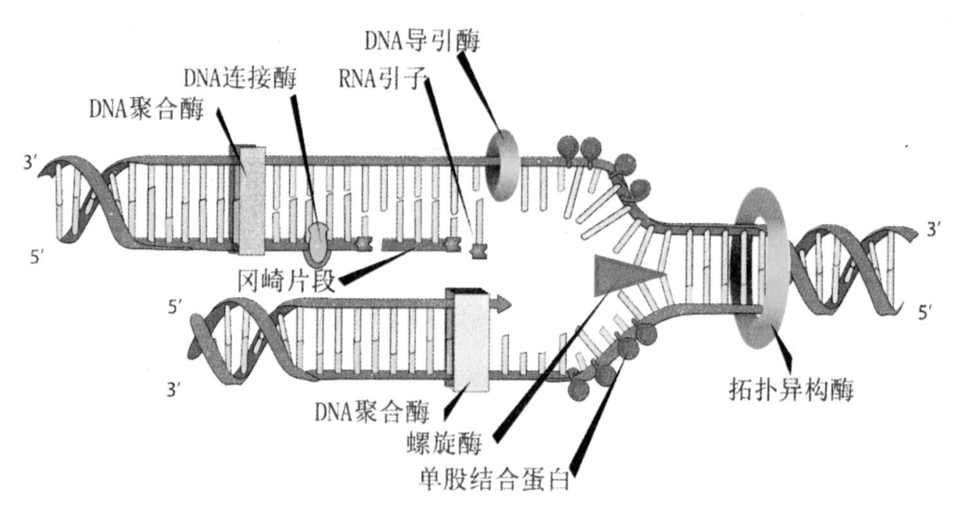

DNA 的半保留复制

沃森和克里克搭建起来的螺旋圈既能说明生物的多样性，也能说明生物性状的遗传和变异。这样的螺旋圈在生物的生生不息中永垂不朽！

由于双螺旋结构模型的提出，克里克、沃森和威尔金斯三人于 1962 年同获诺贝尔医学或生理学奖。

氨基酸的密码

决定生物性状的蛋白质，种类成千上万，但组成蛋白质的成分却只有20余种不同的氨基酸。1953年，英国生物化学家桑格第一次测出牛胰岛素中51个氨基酸的排列顺序，从而使人们相信，各种蛋白质的结构和功能间的千差万别，都是氨基酸的数目和排列顺序不同所致。那么，氨基酸的排列顺序又是怎样决定的呢？这个问题竟引起了美国天文学家盖莫夫的兴趣。他在1954年大胆地设想，DNA分子中的4种核苷酸能形成各种不同组合，每一种组合就是一种氨基酸的符号。他的这个设想在美国当即遭到生物学权威的反对，权威们不能忍受不是他们那个专业的人对自己研究的专业说三道四，认为盖莫夫简直是“异族入侵”。

盖莫夫在美国不能阐述自己的观点，于是他决定求助于丹麦一家科学杂志，这家杂志很快登载了他的文章。出乎意料的是，在他的文章发表之后，立即得到一批物理学家的关注。1955年，这批物理学家凭借惊人的抽象思维能力，提出了3个核苷酸组合在一起决定着1个氨基酸的设想。按照这批“异族”的想法，如果从DNA的4种核苷酸（A、G、C、T）中任意取2个组合起来，那么将会形成$4\times4=16$种组合，若以一种组合作为一种氨基酸的符号，那么将会有4种氨基酸没有符号。既然2个不行，那么就从4种核苷酸中任取3个搭配起来。这样，4种核苷酸就会形成$4^3=4\times4\times4=64$种不同的组合，这不仅使20余种氨基酸都可能有自

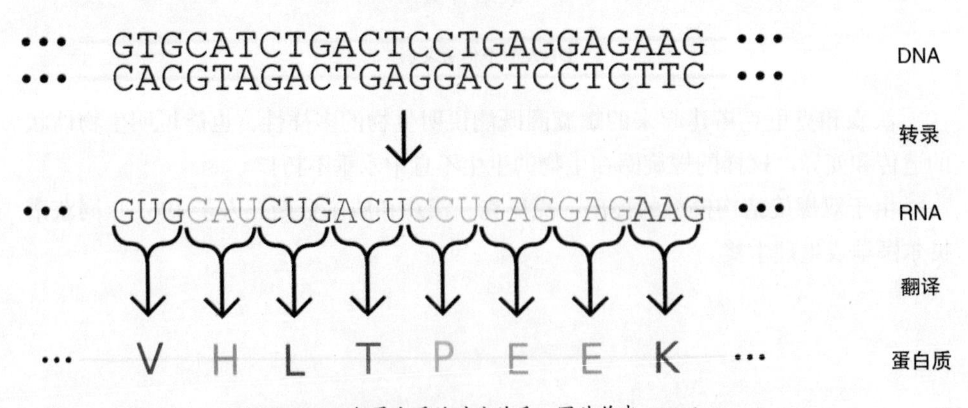

DNA、RNA与蛋白质的对应关系　图片作者：Madprime

己的核苷酸组合符号，而且还有40多种核苷酸组合是多余的。物理学家从莫尔斯电码中的“点（·）”、“划（—）”所形成的各种组合代表某种字母和某个数字的原理出发，提出了DNA中的4种核昔酸是以3个核苷酸组合在一起代表蛋白质分子中某个氨基酸的电码的观点。

对于缺乏生物学知识的物理学家来说，他们对生物学的问题作出了这样的回答，虽然并不那么深入，也算是尽了最大的努力了。可是这个回答犹如火种一样，点燃了分子生物学家克里克智慧的火箭，使其朝着预定的轨道加速飞驰。克里克接受了物理学家提出的这种观点，进一步从分子生物学的角度进行研究。1957年，克里克正式提出了他的假说：在DNA分子中，3个核苷酸是1种氨基酸的密码，即三联体密码假说。同时，他还对多余的核苷酸组合作出了合理推测。按照克里克的看法，除每种氨基酸有自己的三联体密码子外，有些密码子是蛋白质开始合成和终止合成的符号。此外，也确实存在一种氨基酸有几种不同密码子的情况，还有一些三联体是无意义的。

克里克提出的三联体密码假说虽然赢得一片赞美声，但特定的密码子代表着哪个具体氨基酸呢？这个问题吸引了一大批科学家。

小资料

1961年，美国生物学家尼伦伯格和马太合成了由许多尿核苷酸连结成的长链，称为多聚尿苷酸(U-U-U-U……)。他们把这条人工合成的长链加入含有多种氨基酸、酶、核糖体和一些合成蛋白质所需要的其他物质的溶液中，奇迹出现了，在这种溶液中形成了一条只有苯丙氨酸连接而成的多肽链。这样，尼伦伯格和马太就确认苯丙氨酸的三联体密码是U-U-U。

第一次成功，鼓励了他们进行第二次的试验。尼伦伯格和奥乔亚联手进行了比第一次稍复杂的试验。首先，他们用尿嘧啶核苷酸（U）和腺嘌呤核苷酸（A）两种核苷酸合成一条多核苷酸，在这条多核苷酸链中，除UUU外，当然还会有UUA、AUU、UAU等多种三联体出现。当他们把这条多核苷酸加进具有合成蛋白质一切必要物质的溶液中时，多肽链也在溶液中出现。可在这条多肽链中，除苯丙氨酸外，还有亮氨酸、异亮氨酸和酪氨酸。

就是经过这样一步步的分析，到1967年，研究人员才写出了20种氨基酸的密码子，此外也发现了有些密码子另外还代表着起始、终止和标点。

氨基酸密码的破译，尼伦伯格和印度血统的美国人考拉那立下了不朽功绩，因此他们分享了1968年的诺贝尔医学或生理学奖。

DNA中核苷酸组合成的密码被破译，是一个世纪以来生命科学中最令人激动的巨大成就，但是这并不等于生命世界再也没有任何秘密了，因为没有秘密的世界将会是一片死寂。实际上，在密码被破译的时候，密码中之密码又在等待着人们去探索。

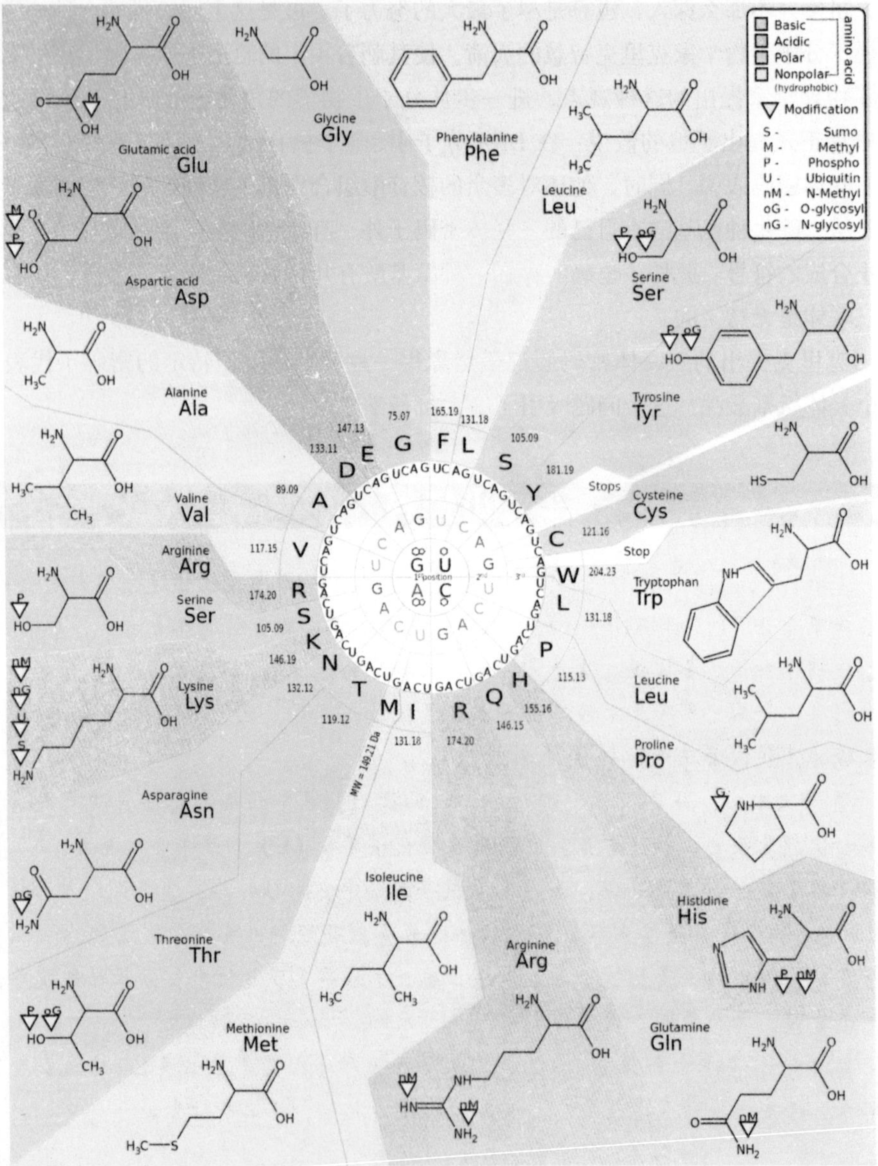

三联密码表

小资料

1968年，布里顿等人在用蛙和蝾螈作实验材料时，发现这些真核生物的DNA中，与大肠埃希菌等原核生物不同之处是某一段DNA上会出现同样核苷酸的重复，如某一段DNA上可能全是AAAA-或ACACACAC…．．或3个、4个等核苷酸的重复，重复的次数可成千上万甚至百万。有人估计，高等生物的DNA中，这种重复顺序（序列）在50%以上，甚至高达80%。这些重复成千上万次的几个核苷酸究竟起什么作用呢？可以肯定，这些重复序列不能作为蛋白质的密码，也从未见到过这些重复序列转录出已知顺序的RNA。难道高等生物中50%甚至80%的DNA都是废料吗？要是这样，那么高等生物实在太"铺张浪费"了。难道高等生物对连细菌也知道的"节约原则"都不清楚吗？不要说DNA中有50%或80%的废料，哪怕有10%的废料存在，恐怕这样的生物也早在自然选择的长河中被某些"厉行节约，高效运转"的强者所取代了。重复序列这个密码中的密码，至今仍然等待着有识之士去破译。

三联体密码的概念，具体生动地说明了DNA中的核苷酸与组成蛋白质的氨基酸的关系。但是，细胞学所揭示的事实是这样的：DNA主要存在于细胞核中，而蛋白质主要存在于细胞质中。另外，由氨基酸合成蛋白质是在细胞质内进行的，而且DNA这种大分子不能随意进入细胞质。根据这种事实，法国的生物化学家雅各布和莫诺首先提出"位于细胞核内的DNA怎样决定蛋白质的合成"或者"锁在档案室中的密码如何把密码所记载的信息传递出去"的问题。

在提出问题时他们已经在思考答案了。他们作出这样的推理，即"档案室里的密码虽不能外借，但一定是可以翻录的，而翻录带一定可以带出档案室"。那么，细胞核里除了DNA外，有没有结构与DNA相似又能从细胞核内进入细胞质的物质呢？有，那就是RNA。RNA的结构与DNA十分相似，因为RNA也是由核苷酸连接而成的长链，这种长链也确实是按照DNA的模子，像DNA半保留复制那样形成的。即在细胞核内的DNA，首先双链拆成单链，然后在DNA单链的鸟嘌呤（G）处连上一个胞嘧啶（C），在腺嘌呤（A）的地方接上一个尿嘧啶（U），这样形成的一条新链就是RNA。由此可见，RNA与DNA相比，在碱基的种类上只是由尿嘧啶代替了DNA链中的胸腺嘧啶，此外，RNA的糖是核糖，DNA是去（脱）氧核糖，DNA是双链，RNA是单键。

照着细胞核内DNA的样子，由4种核苷酸连成RNA长链，叫做转录（或翻录）。可想而知，RNA是带着DNA的信息的意思是说DNA中碱基的相互连接情况也反映在RNA的结构上。例如，DNA一条链上组成密码的碱基如果是-AACCGG-，那么，由此链转录成的 RNA 链上碱基的排列为 -UUGGCC-。这种 RNA 长链由于带着 DNA 链上的信息，因此称为信使 RNA（mRNA）。

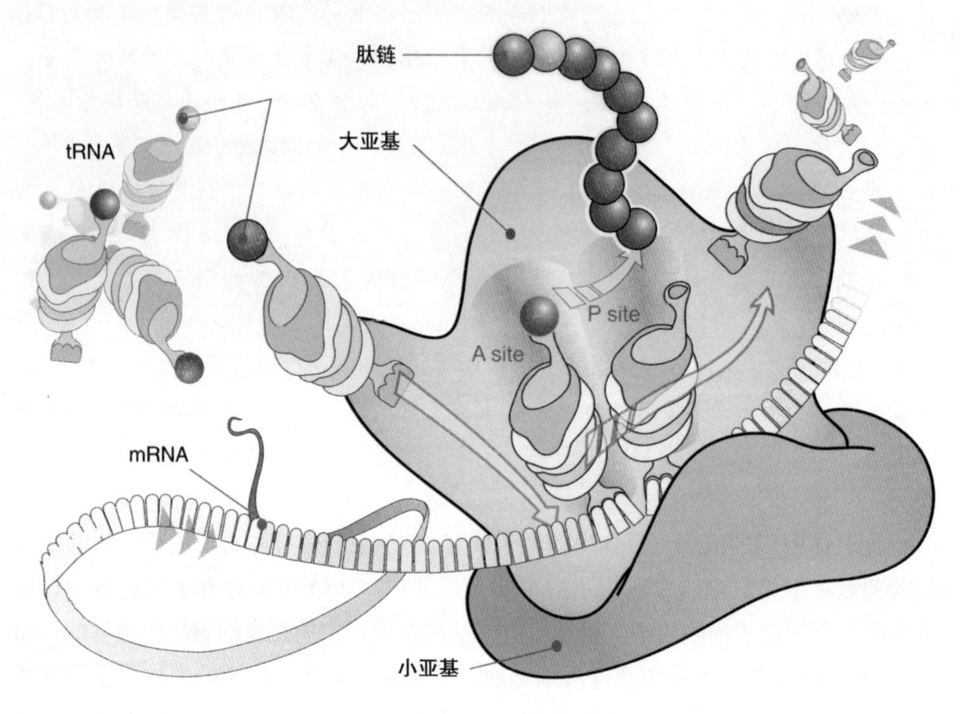

蛋白质合成过程

mRNA 能从细胞核内进入细胞质。但是，根据罗马尼亚血统的美国生物化学家帕拉德 1956 年用电子显微镜观察的结果，进入细胞质的 mRNA 是与细胞质中的小颗粒结合在一起的，这个小颗粒称为核糖体。细胞里的蛋白质都是在这个小颗粒里合成的，因此可以说，核糖体是细胞中合成蛋白质的车间。

美国另一位化学家霍格兰在研究细胞质中的 RNA 时，又发现了一种分子量比 mRNA 小得多的 RNA。后来证明，这种 RNA 的一端能与某种特定的氨基酸结合，另一端有由 3 个碱基组成的一个密码子，这个密码子能与 mRNA 上相应的密码子结合。为了与 mRNA 上的密码子区别起见，特把这种能与氨基酸相结合的分子量较小的 RNA 上的密码子称为反密码子。实际上，这种 RNA 是专门“搬运”氨基酸的，所以也称为搬运 RNA（tRNA）。

二、基因工程

引子：

人类按照事先设计好的目标，通过不同物种间的基因重组，培育出符合目标要求的新生物的技术就是基因工程，基因工程的主要内容就是有目的地向受体细胞转送不同物种的少数基因。

DNA 的切割、重组和转移

生物体内的DNA，有的是裸露的，如细菌和噬菌体中的DNA，有的则是与蛋白质和RNA等共同组成染色体。自从查明DNA是基因物质基础以后，一条染色体上串联着一群基因的原因就十分清楚了，因为每个染色体中，一条DNA贯串始终。当DNA的内部结构、DNA自我复制、DNA转录成RNA以及RNA上的不同核苷酸顺序决定着蛋白质上的氨基酸组成等方方面面情况都被掌握后，人们已按捺不住想要重新改组DNA的激动心情，可惜在一段时间内找不到切割和连接DNA的工具。到了1971年，美国微生物学家内森斯和史密斯在细胞中发现了一种称为限制性内切酶的蛋白质，这种蛋白质能把外来的DNA切成碎片。例如，一个病毒进入了细胞，细胞中的限制性内切酶就可把病毒的DNA切碎，从而使病毒失活。这种酶能在DNA的特定核苷酸连接处把DNA双链切开，因此，只切入侵者的DNA，而对自身的DNA不起作用。这两位微生物学家在发现了限制性内切酶后，又在细胞中发现了另一种酶，它具有把切碎的DNA片段连接起来的能力，因此被称为DNA连接酶。如果把内切酶比作剪刀的话，那么连接酶就是浆糊了。

这两种酶的发现，为人类有目的地改组DNA提供了物质基础。蚕宝宝能产蚕丝，蚕丝其实是一种称为丝蛋白的蛋白质，它是由丝蛋白基因决定的。如果把蚕宝宝中的丝蛋白基因切割下来，与每25分钟就繁殖一代的大肠埃希菌的DNA组装在一起，这样人类凭借重新组装蚕宝宝DNA与大肠埃希菌DNA的技术，就可使大肠埃希菌生产蚕丝了。要是这一计划能实现，那么在一杯水中就会布满蚕丝了。

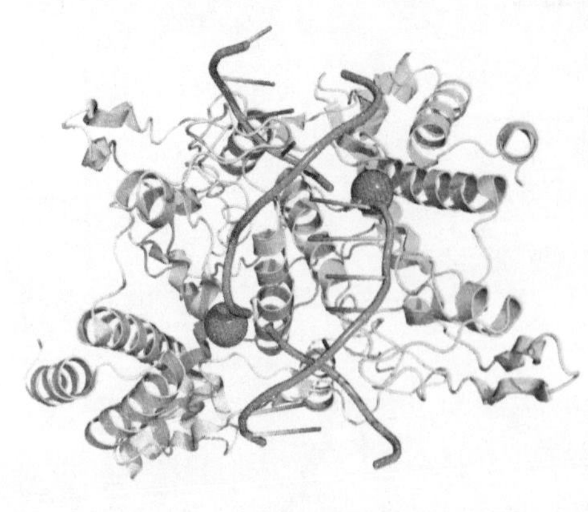

DNA限制性内切酶

将生物体的某个有用基因，按照人类预先设计的方案，与其他生物体的基因连在一起，使重新组装成的DNA（重组DNA）能产生人类所需要的产物，这种重组DNA技术就称为基因工程，或者称为遗传工程。

基因工程的第一支施工队伍是由美国斯坦福大学教授科恩统领的。1973年，科恩带领着他的队伍从大肠埃希菌里取出两种不同的质粒。所谓质粒就是细菌体内比细菌染色体更小的环状DNA，它上面只有几个基因，它能自由进出细菌的细胞。细菌体内有无质粒对细菌的生存都无碍大局。科恩从

科恩的实验室　图片作者：Ryan Somma

大肠埃希菌中取出的质粒各自具有一个抗药基因，但这两种质粒上的抗药基因是决定抗不同药物的。科恩等一班人先把这两种质粒上的抗药基因“裁剪”下来，再把这两个基因“拼接”在同一个质粒中。新拼接而成的质粒称为重组质粒或杂合质粒。使科恩等人兴奋的是，当这种杂合质粒进入大肠埃希菌体内后，得到这种杂合质粒的大肠埃希菌能抵抗两种药物了，而且由这种大肠埃希菌产生的后代都具有双重抗药性，这表明杂合质粒在大肠埃希菌的细胞分裂时也能像大肠埃希菌中的染色体那样自我复制了。虽然这种双抗药性的大肠埃希菌对人类毫无价值，但这种大肠埃希菌的出现，标志着基因工程的首次胜利。

1974年，科恩等再次把金黄色葡萄球菌的质粒（上面具有抗青霉素的基因）和大肠埃希菌的质粒“组装”成杂合质粒，也顺利地把这种杂合质粒“送入”大肠埃希菌体内，凡是得到这种质粒的大肠埃希菌再也不会在青霉素环境下呜呼哀哉了。这说明，金黄色葡萄球菌质粒上的抗青霉素基因，由杂合质粒带到大肠埃希菌体内了，不仅是金黄色葡萄球菌质粒上的基因进入了大肠埃希菌，更重要的是外来基因在大肠埃希菌体内同样也发生了作用（或者说能够表达）。

两次试探性的研究，都取得了预期效果，这使科恩的信心倍增。1974年，他从非洲爪蟾细胞中取出DNA，并“裁剪”一段与大肠埃希菌的质粒“拼接”。拼接成功了，拼接后的质粒带着非洲爪蟾的基因进入大肠埃希菌了，大肠埃希菌真的产生了非洲爪蟾的核糖体核糖核酸（rRNA）。这又是科恩第一次做的跨越生物门类的基因拼接的外科手术，两栖动物的基因能在细菌里发挥作用并能在细菌里不断复制的事实告诉人们，基因工程完全可以不受生物种类的限制，按照人类的

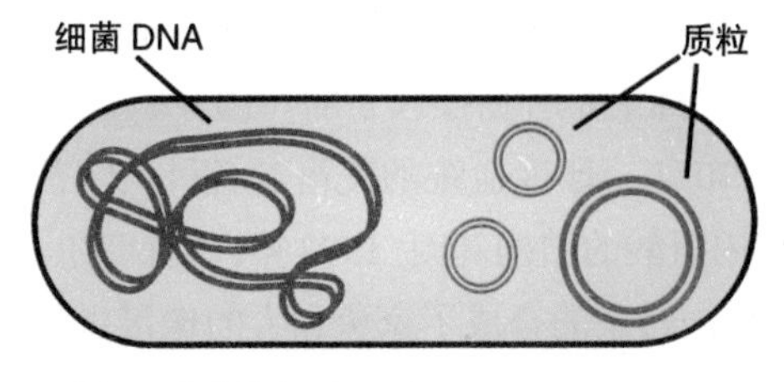

质粒　图片作者：Spaully on English wikipedia

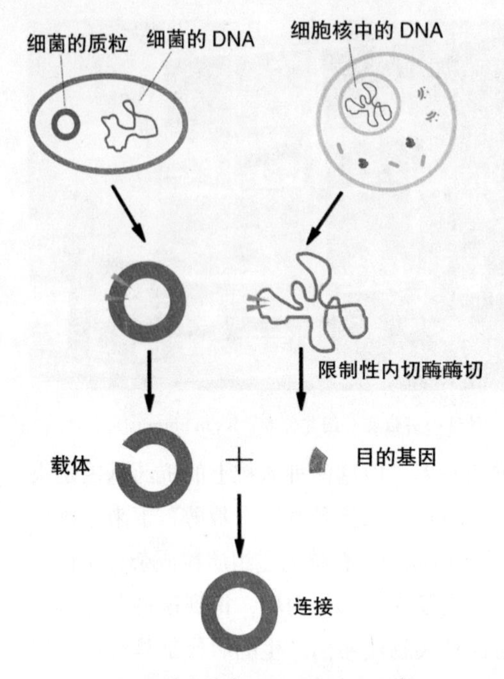

DNA 重组技术原理　绘图：王慧

意愿去拼接基因，创造新的生物，如创造缫丝的大肠埃希菌、制药的大肠埃希菌等。

当科恩取得了第三次的成功后，他立即以DNA重组技术发明人的身份向美国专利局申报了世界上第一个基因工程的技术专利。

由科恩首次取得成功的基因工程不仅打破了不同物种在亿万年中形成的天然屏障，预示着任何不同种类生物的基因都能通过基因工程技术重组到一起。科恩的专利也同样标志着人类确实可以根据自己的意愿、目的，定向地改造生物的遗传特性，甚至创造新的生命类型。科恩专利技术引起了全球轰动，在短短几年中，世界上许多国家的上百个实验室都开展了基因工程的研究。

小资料

科恩的专利技术，至少包括四方面的内容。一是取得符合人们要求的DNA片段，这种DNA片段就称为目的基因；二是将目的基因与质粒或病毒DNA连接成重组DNA（质粒和病毒DNA称为作载体）；三是把重组DNA引入某种细胞（这种得到目的基因的细胞称为受体细胞）；四是把目的基因能表达的受体细胞挑选出来。

在获取目的基因方面，生物学家采用物理、化学和生物学方法，都取得了成功。

1966年，美国的伯恩斯蒂尔等用密度梯度离心和分子杂交法，成功地从非洲爪蟾中分离出rRNA基因。1969年，美国的科学家夏皮罗用分子杂交法又成功地从大肠埃希菌中分离出DNA，这个DNA片段实际上是乳糖操纵子的一部分。到20世纪70年代，人工合成基因获得了成功。1970年，印度血统的美籍学者科兰纳首次用化学方法合成了有77个核苷酸对的酵母丙氨酸的结构基因。1972年，巴梯摩尔、斯派戈尔曼、列捷尔等领导的实验室各自用反向转录酶合成了家兔和人的珠蛋白基因，这是首次合成的真核生物基因。1973年，科兰纳再次得手，他合成了具有126

个核苷酸对的大肠埃希菌酪氨酸转移 RNA（tRNA）基因。唯一使科兰纳感到不满足的是，基因虽然合成，但该基因因缺少“零部件”而无法启动。为了使合成的基因能发挥作用，科兰纳等经过 3 年埋头苦干，在 1976 年 8 月，终于使大肠埃希菌酪氨酸 tRNA 基因顺利地转录出酪氨酸 tRNA。

基因修饰鱼

1977 年，美国加利福尼亚大学的博耶紧步科兰纳的后尘，用化学方法合成了人生长激素抑制因子的基因。人生长激素抑制因子是人脑、肠管和胰腺中分泌出来的一种神经激素，它能抑制甲状腺刺激激素、促胃液素、胰岛素和胰高血糖素的分泌，对肢端肥大症、急性胰腺炎和糖尿病等多种疾病都有医疗价值。博耶合成这个基因后，立即将这个人工合成的基因与大肠埃希菌质粒重组，重组 DNA 在质粒运载下顺利地进入大肠埃希菌，这个人工合成的基因在大肠埃希菌中为博耶制造出了 5 毫克人生长激素抑制因子。这 5 毫克生长激素抑制因子可以说是人造基因献给博耶的厚礼。你可千万不要以为 5 毫克微不足道，如果用传统的办法从绵羊中提取，必须要用 50 万个绵羊大脑。

用基因工程创造新生物的最大优越性是可以在短期内培育出新的生物类型，而且可以由基因工程创造的新生物生产人们期望的生物产品。除人生长激素抑制因子外，还有胰岛素、干扰素等，也已可以用基因工程的方法获得。

生物体的基因是很多的，例如，人类至少有 3 万个基因，要从数以万计的基因群中挑出符合人类要求的目的基因，犹如大海捞针。为了很方便地得到目的基因，科学家就把各个基因一一整理出来进行编号，把编号不同的基因经过复制后分门别类地存放起来，就好像图书馆中把不同种类的书编号后存放在不同文库中一样。基因编号、复制、分号存放在微生物中，当保存基因的各类微生物数目足够多时，就等于基因图书馆建立成功了。基因图书馆也称为基因文库或基因银行。一种生物都可建立一个基因银行，一个生物体也可建立一个基因图书馆。

目前，建立基因文库的办法有散弹射击法（也称为鸟枪散射法）、切碎法和多段法等。

所谓散弹射击法就是用限制酶或用超声波等物理因素把生物体内的总 DNA 破碎成许多片段（毫无疑问，这些 DNA 片段有长有短，即有的只有一个基因，有的会有几个基因），然后将这些 DNA 片段分别与适当的载体重组，重组 DNA 分子形成以后，立即导入受体细胞（如大肠埃希菌）。重组 DNA 随着受体细胞的增殖而增加，每个受体细胞分裂形成一群细胞，这一群起源于同一细胞的细胞团称为克隆，当克隆的种类多到足以把某个生物体的全部基因都包括进去时，这组克隆就是该生物体的基因文库。美国的科恩、霍格内斯等人就是用建立基因文库的方法，得到海胆和果蝇的组蛋白结构基因和核糖体 RNA（rRNA）结构基因的。前苏联的盖奥尔吉耶夫、格沃兹耶夫等用这种方法也从果蝇中得到了一些目的基因。

至于切碎法和多段法，虽然具体操作方法与散弹射击法有所不同，但从原理上说，则是一致的。

有了目的基因，能否直接把目的基因送进受体细胞呢？对这个问题，目前有两种不同意见。一种意见是不能，其理由是目前存在于地球上的生物，无论是复杂的还是简单的，都是长期进化的产物，都有保卫自身而不受异种生物侵害和稳定地延续自己种族的本领。如果异源 DNA“单枪匹马”硬闯进受体细胞，受体细胞就会把它“消灭”。早在 1960 年，瑞士的阿尔伯在发现大肠埃希菌体内的核酸内切酶时，也发现了修饰酶。所谓内切酶就是专门把 DNA 长链切成一段一段碎片的蛋白质。DNA 被切成了碎片，也就失去了作用。所谓修饰酶，就是把 DNA 作一番“乔装打扮”，修饰一下，使内切酶不识“庐山真面目”，从而免遭内切酶的破坏的另一种蛋白质。由于大肠埃希菌体内的 DNA 均由修饰酶作过修饰，因而它具有免遭内切酶破坏的功能，当外来的 DNA 这种不速之客进入大肠埃希菌体内时，大肠埃希菌内部的内切酶就毫不留情地使其“粉身碎骨”或“体无完肤”。因此，目的基因的直接导入难免有“全军覆没”的厄运。而我国学者周光宇则认为，目的基因直接导入是分子育种的新方法，她指出：“不同生物差异越大，它们的 DNA 序列差异也越大，远缘间的 DNA 就整个分子来说很难亲和，因为异源 DNA 进入后往往会被细胞的各种切酶分解和排斥。但是整个分子的不亲和，并不排斥部分分子的亲和性。生物同出于一源，其主要基础代谢从细菌到人都是共有的。这样，外源 DNA 进入受体后，经酶切和分解后的局部 DNA 核苷酸排列上与受体 DNA 亲和，在具有亲和性的基因或片段的 DNA 上面，也可能携带部分不亲和的顺序，它能粘附在母本 DNA 上，在复制中能整合进去实现 DNA 的片段杂交。”简单概括周光宇这段话的意思就是：用直接导入目的基因的方法是可行的。这个 DNA 片段杂交假说已被我国学者翁坚、何笃修等用同工酶法、分子杂交法所证实。将目的基因直接导入受体的方法有周光宇首创的花粉管通道导入法、何笃修等创造的吸涨法和朱培坤等提出的动态导入法等。

认为目的基因不能直接导入受体细胞的基因工程的科学家，采用了重组 DNA

技术，间接地把目的基因送到受体的细胞中。他们首先将目的基因与质粒经过内切酶的“裁剪”，然后靠连接酶的作用，将目的基因和质粒（或病毒 DNA）重新组合起来形成重组 DNA。重组 DNA 就能在质粒（或病毒 DNA）的“带领”下进入受体细胞。重组 DNA 进入受体的过程称为转化，得到重组 DNA 的细胞称为转化细胞。在一般情况下，达到转化成功目的的转化率为百万分之一。这样低的转化率实在难以满足遗传工程师们的要求，为此，遗传科学家们创造了低温条件下用氯化钙处理受体细胞和增加重组 DNA 浓度的“双管齐下”的办法来提高转化率。

靠质粒转移目的基因也有很大的局限性，例如土壤农杆菌中有一种叫做 Ti 的质粒，当农杆菌侵染植物后，Ti 质粒上的 DNA 片段会进入植物细胞，并能随着植物染色体 DNA 的复制而进行复制，从而将 Ti 质粒上的基因转送给植物。如果把外来的目的基因与 Ti 质粒连接，再把带有目的基因的 Ti 质粒送回到农杆菌中，用这种带有目的基因质粒的农杆菌去侵染植物，那么，最终能把外源目的基因转送给植物。可是，土壤农杆菌对双子叶植物情有独钟，对单子叶植物生性厌恶，而主要的粮食作物却大多数属于单子叶植物。因此，靠农杆菌中的 Ti 质粒将人们所需要的基因转交给农作物就受到很大限制。自 20 世纪 90 年代初起，复旦大学和上海农学院等科技人员联手，采用酚类复合物和双子叶植物的抽提液等对单子叶植物的受体进行预先处理，再用土壤农杆菌侵染，结果是 Ti 质粒将抗菌肽基因（抗细菌病的基因）转交给了水稻。

除了农杆菌与受体共培养外，转送外源基因也可采用枪击法。

传送基因的枪特称为基因枪。基因枪有点像普通手枪，而且都是将“子弹”射入目标内的工具，但与普通枪的设计原理、所用子弹和射击目标却大相径庭。基因枪除可以靠火药来推动外，也可以靠高频电流或高压气流来推动，基因枪的子弹是包裹着目的基因的钨粒子或金粒子，其直径只有 0.001 微米，基因枪依靠高速将子弹射入细胞，发射一枪可击中多个目标。因此，依靠基因枪运送外源基因虽然成本昂贵，但有其独到的好处。

农杆菌

无论是依靠土壤农杆菌中的 Ti 质粒传送基因还是用基因枪发射基因，得到目的基因的生物体总是少数，即转基因生物只是万绿丛中一点红。如何知道外源目的基因进入了受体？即如何把带有外源基因的生物体挑选出来？这是基因工程中的重要一关。现在，已有一些构思巧妙、可靠性较高的方法能鉴别转基因生物，这些方法包括遗传检测法、物理检测法、核酸杂交检测法和免疫化学检测法等。

所谓遗传检测法，就是在人为创造的特殊条件下培养生物，利用生物在特殊条件下的不同特性，淘汰一批原有的生物，保留新的转基因生物。例如，在培养微生物的营养物质中，特地加上青霉素，那么，一批原来不抗青霉素的微生物死了，留下的就是得到外来抗青霉素基因的转基因微生物。又如，在秧苗期喷洒一定浓度的除草剂，草和不抗除草剂水稻全死了，留下的就是带有抗除草剂基因的转基因水稻了。

物理检测法，又称为凝胶电泳法。这种方法犹如操场操练选将。将一种称为琼脂糖或聚丙烯酰胺的物质，制成像鱼冻、肉冻那样的凝胶块，这种凝胶块好比操场，然后把未经转基因的生物体的 DNA 经过特定处理，变成长短不同的片段，同时用同样的方法处理转基因操作的生物体的 DNA。在一定的电场下，在凝胶块操场上，长短不同的 DNA 片段就好像一个个运动员，各以一定的速度向前迈进，有的快，有的慢。经过一段时间之后，运动员在操场上就各自占有自己的位置。如果是经转基因的生物，在凝胶这个运动场上就会多出一个位置或有一个运动员的位置有了变动，那么，多出的位置应该是目的基因的所在地，或者那个变动位置上是背负着目的基因的运动员。

核酸杂交检测法和免疫化学检测法好比是用带记号的钥匙去开锁。这里的“锁”相当于目的基因或由目的基因所决定的蛋白质，“钥匙”就是带标记（如带放射性同位素）的一段单链 DNA，科学上称为探针。这种探针 DNA 的结构是预先知道的（假定是 A–T–G–C……），它可以把 T–A–C–G–这样的目的基因找出来，这靠的是 T 与 A、G 与 C 配对的原则。除这种 DNA 式的“钥匙”外，也有蛋白质性质的“钥匙”，这类“钥匙”专门寻找由目的基因所决定的蛋白质。目的基因决定的蛋白质称为抗原，用少量抗原注射到动物体内，就会刺激动物产生我们所需要的可作为“钥匙”的蛋白质，这称为抗体。如果让抗体带上放射性同位素，那么依靠抗原与抗体的特殊结合，就能判断转移基因的工作是否成功。用 DNA “钥匙”找“锁”的办法称为核酸杂交检测法，而用抗体“钥匙”找蛋白质“锁”（抗原）的办法就称为免疫化学检测法。

基因枪

前景和担忧

正是由于基因工程具有为人类造福的巨大潜力，所以这项工程在问世不久就成为许多有远见卓识的科学家和企业家进行风险投资的目标。从 1976 年基因工程技术在商业生产上的应用尚未显露端倪时，第一家遗传工程公司就宣告成立，第一位人工合成人生长激素抑制因子的博耶教授成了这家公司的台柱。从此，基因工程从遗传学家、生物学家的象牙塔中走了出来，大步迈向广阔的市场。

1977 年，日本科学家板仓敬一和博耶等 7 人首次实现了人工合成的生长激素释放抑制因子的基因在大埃希菌中的分子克隆及产物表达。1978~1979 年间，美国哈佛大学和波士顿裘斯林基金公司合作，在以吉尔伯特为首的 8 位科学家的带领下，化学合成了胰岛素 A、B 链基因，并获得转基因大肠埃希菌。这样，原来只能用动物胰腺提取的胰岛素就能在培养大肠埃希菌的试管中生产了。胰岛素是治疗糖尿病的特效药，而糖尿病是老年人的常见病。每个患者每天需要 40 单位或 0.4 毫升的胰岛素，但从一头牛或一头猪的胰脏中只能提炼出 300 单位或 3 毫升的胰岛素，而对全世界上亿个糖尿病患者来说，胰岛素的量太少了。“物以稀为贵”，有些糖尿病患者虽知胰岛素有作用，也终因缺乏资金而抱恨终生。吉尔伯特等人能使“到处为家”的大肠埃希菌生产胰岛素，无疑是糖尿病患者的福音。1982 年，美国的礼莱基因公司开始利用大肠埃希菌生产胰岛素。但是，礼莱基因公司用的是吉尔伯特等人的转基因菌，这种菌种生产胰岛素的量很少，因此属低产菌。1983 年，我国学者、上海细胞生物研究所的郭礼和运用在美国构建的一套高效表达胰岛素、绒毛膜促性腺激素和干扰素酶多功能质粒，得到了转基因大肠埃希茵，这种大肠埃希菌生产的胰岛素产量已有新的突破。

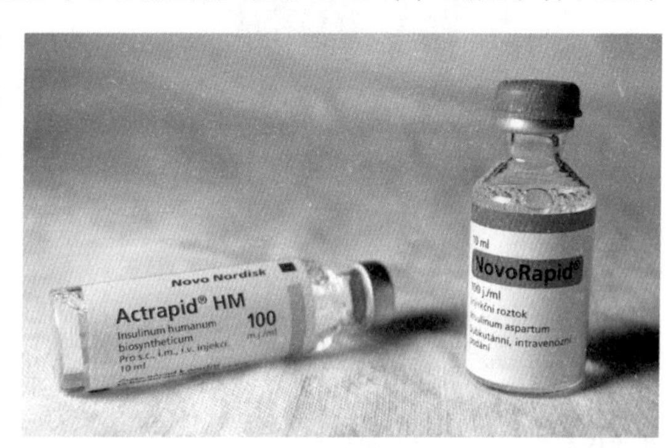

胰岛素

干扰素是一种抗病毒的特效药，它是两位美国科学家在 1957 年研究病毒的干扰现象时发现的，这种产物对防治癌症有积极作用。其实，干扰素并不是细胞本来就有的，而是病毒侵入细胞后的产物，这种产物不能帮助已被病毒侵入的细胞，但却能保护周围的细胞。干扰素与病毒如果进行殊死搏斗，胜利者经常是干扰素。

生产干扰素的方法，是芬兰科学家卡里·坎特尔博士发明的，他先从血液中提取白细胞，然后用病毒去感染白细胞，被感染的白细胞就产生干扰素，经过提取就可做药用。由于血液来源有限，每个白细胞最多只能产生100~1 000个干扰素分子，因此干扰素对患者来说，仍是杯水车薪。1980年，博耶和科恩用重组DNA技术，得到了几种生产干扰素的细菌。1981年，他们把控制干扰素合成的基因引入酵母菌中，使酵母菌生产出干扰素。目前，美国用大肠埃希菌生产干扰素，已能使每个细菌产生20万个干扰素分子。

1980年，美国已经利用改造过的大肠埃希菌生产牛生长激素。牛生长激素能促进牛的生长，提高牛肉和牛乳的产量。前面已经介绍过，用大肠埃希菌生产人的生长激素因子已在美国取得成功。现在，已采用700升体积的发酵罐生产人生长激素因子。美国一个患有生长激素缺乏症的小女孩，从1984年起服用由大肠埃希菌生产的人生长激素，在不到一年的时间内，身高就从1.25米长到1.50米。可见，基因工程给侏儒症患者也带来了新的希望。

这头转基因牛的乳液中含有人凝血因子Ⅸ，人凝血因子Ⅸ是用于治疗血友病的药物
图片作者：黄淑帧

现在，以血液为原料的乙型肝炎疫苗、人的血清蛋白等均能靠大肠埃希菌来生产。例如，在1982年，美国科学家把控制血清蛋白合成的基因通过DNA重组引进大肠埃希菌后，已开始用大肠埃希菌发酵生产人体血清蛋白，目前的年产量在100吨以上，销售额达5亿美元。因为血清蛋白对人体的免疫功能和维持血液的正常渗透压、黏度和酸碱度起着直接作用，没有血清蛋白，血液就会停止流动，因此血清蛋白的生产前景广阔。

基因工程能使细菌生产药物，这是由于生产药物的基因经过适当改建后导入细菌中，使细菌获得了生产药物的能力。但是，这种细菌基因工程的缺陷也十分明显。由于细菌本身是低等生物，当得到决定某种药物的基因后，往往不能产生药物或者产生的药物不能直接用于临床。为了克服这些缺陷，最近兴起了把决定某种药物的基因直接导入哺乳动物体内，使哺乳动物分泌的乳汁中就含有人类所需要的药物。目前，全世界许多生物技术公司正在尝试使动物乳汁中含有人类所需的药物。

基因工程应用于农业和畜牧业，前景也十分诱人。基因工程专家的一项最大胆、最富魅力的设想是把固氮基因转移到非豆科植物中去，以解决氮肥问题，另一个设想是培养出超级猪。

农业工作者都知道，在农作物中，豆科作物一生中不必施用氮肥，因为这些植物的根部与根瘤菌共生。根瘤菌内有固氮酶，这种酶能使大气中的游离氮转变成氨，供豆科植物吸收利用。像小麦、水稻、棉花等一类非豆科植物不能跟固氮菌共生，因而无法固氮，为了提高产量就要补施氮肥。目前，各国每年都要为化肥工业付出巨大的资金，消耗大量能源。要是非豆科植物固氮成功，既可提高产量又可减少能耗、肥沃土壤、减少成本和净化环境，这是一举多得的好事。所以，基因工程问世后，科学家把固氮基因转移作为重点课题，期望有所突破。

小资料

根瘤菌固氮实质是一种固氮酶把大气中的氮分子合成氨。这种固氮酶受一种叫 nif 基因的控制。前几年，美国科学家波斯特盖特等用一种具耐药基因的质粒与肺炎克氏杆菌的 nif 基因重组，并将这种重组质粒转入大肠埃希菌，终于得到具有 nif 基因的大肠埃希菌。由于远缘菌种间转移 nif 基因的成功，就使直接把 nif 基因转移到非豆科植物中去提到了议事日程上。把 nif 基因转移到植物细胞中，在技术上并无多大困难。但是，要使 nif 基因在植物细胞中直接发挥作用，却困难重重。何况，固氮酶只有在严格缺氧条件下才能发挥固氮功能。所以，植物细胞即使在 nif 基因的控制下产生了固氮酶，也只有在结构和代谢系统作出相应的大幅度调整后才会固氮。因而，要使非豆科植物固氮，还有待遗传学家继续研究。

从培育超级猪的愿望出发，美国科学家罗·伊文斯博领导的研究小组已在 1982 年培育成了超级鼠。这是研究小组用大白鼠的生长激素基因转移到小白鼠受精卵中实现的，这个接受了外来基因的小白鼠受精卵在母鼠的子宫中终于发育成比普通小白鼠重 2.5 倍的超级鼠。

这种超级鼠的问世，使科学家产生了把大象的生长激素基因转移到猪、羊等受精卵中培育超级猪、超级羊的良好愿望。这里说的可不是科幻作品中的题材，而

基因嵌合小鼠和它的孩子们，它们携带了刺豚鼠毛色基因

是遗传学家、生物学家正在孜孜以求的目标，这种良好愿望的实现，将会引起畜牧业革命。

抗虫和抗病植物的培养在农业上也很有意义。一些害虫对植物的破坏具有选择性，如红铃虫专吃棉花叶子和棉花幼铃，菜青虫专吃蔬菜叶子等。历来对付害虫的办法是喷洒农药，实际上能杀死害虫的农药也直接或间接地危害人体。

转入苏云金杆菌基因的花生叶片（下），比普通花生叶片（上）能更好地抵御病虫害

基因工程问世后，比利时的科学家率先从苏芸金杆菌细胞中分离出控制毒蛋白产生的基因，并把这种基因与质粒重组，然后将重组质粒转移到植物细胞中，这些由获得毒蛋白基因的植物细胞所长成的植株，因为能产生毒蛋白而能毒杀害虫。比利时科学家培育出了抗虫烟草，我国科学家范云六等已把毒蛋白基因转入棉花中。复旦大学遗传研究所沈大棱和上海农学院植物科学系潘重光等合作，把复旦大学遗传所合成的抗菌肽基因转入 87203 品系的微不定芽中，目的是提高稻的抗细菌病能力。事实上，转基因水稻的后代中，确实出现了抗细菌病的植株。

小资料

最新的一项动物试验结果，不仅使科学界震惊，而且给动物新品种培育带来无限希望。那就是意大利的科学家斯巴达佛拉把洗涤过的老鼠精液注入含有异体 DNA 的液体中，他惊奇地发现，老鼠精子的颈部能在 15~30 分钟内摄取大量的异体DNA，随后异体DNA与精子中的DNA紧密地结合在一起。他把这些精子跟试管中的雌鼠卵结合，并把在试管中得到的受精卵植入雌鼠子宫，结果生下的新一代鼠确实具有异体的遗传特性。美国《纽约时报》把这个发现称作生物学上的重要里程碑。其实，这一结果也仅仅是我国学者周光宇教授的分子片段杂交理论在动物上的具体体现而已，里程碑的奠基人非周光宇莫属。

到现在为止，基因工程虽还未达到现代化规模的程度，但几乎与所有工厂都面临一个克服工业污染的问题一样，基因工程也不例外。事实上，在1972年人类历史上第一次成功地进行重组DNA实验之后，就引起了科学家的担心。1974年，美国的遗传工程师伯格曾在信中指出，基因工程是改变生物的遗传性状的，在人类还没搞清楚生物的基因调节控制的全部机制之前，谁都会担心，对生物DNA的散弹射击以及任意进行DNA重组是否会得到生物的惩罚？例如，是否可能会重组出一种对人类极端有害的细菌或病毒来？是否会使某些生物的在生物进化史上一直关闭着的致病（如癌）基因受到无穷无尽的扩大而释放出来？这些人类制造和释放出来的天敌，由于没有受到严格的监控和它的不可预测性而给人类带来空前的灾难！即使人类制造和释放的基因对人类没有直接威胁，至少也会打破生物界的相互协调关系——生态平衡，从而间接地危害人类的各种生产活动。

伯格的观点一经公开，立即在科学界引起轩然大波，人们纷纷要求制定法律，限制基因工程的发展。于是在1975年2月，美国匆匆制定了重组DNA法则草案，对基因工程实验进行了严格控制。例如，这个法则草案要求一些基因工程的试验必须在负压实验室里进行。负压实验室是高度密封的空间，空气走向只能是由外至里，以保证这种实验室里的任何生物都不会向外界泄漏。可想而知，这种实验室耗资巨大。这一草案严重地影响了遗传工程的发展。

对一项科学技术，在刚刚兴起时，它的潜在灾祸就引起如此猜测和担忧，这实属历史罕见。因此，相当一部分学者对草案提出了异议。抱异议的科学家认为，赤裸裸的DNA转化细菌的概率很小，到达高等生物细胞内的机会不会高于细菌，即使进入高等生物的细胞，要发挥功能（表达）也非常困难。

经过了一年多的激烈争论，美国国家卫生研究院正式通过了一个准则（称为NIH准则），提出了重组DNA的限制范围，增加并强调了生物学保护的内容。1986年，又公布了《基因治疗法实验准则》。

这些准则明确规定，禁止做以下实验：

1. 不管所用的宿主——载体系统是什么，凡采用病原物分类中的第三、四、五类的病原体，或者被国立癌症研究中心所列为中等危险性的致癌病毒，或者从已知被这类病原物感染的细胞来得到重组 DNA 的克隆体。

2. 故意构建含强烈毒素的生物合成基因的重组 DNA。

3. 故意用植物病原物构建可能提高它的毒力和扩大宿主范围的重组 DNA。

4. 故意将任何含有重组 DNA 分子的生物体释放到环境中去。

基因工程技术已出现 20 余年了，它的潜在危险性，并不像当初想像的那么大。随着技术的发展，人类将会更准确、更有效地防止基因工程的公害。

从孟德尔的豌豆试验到遗传工程的崛起，这是许多科学工作者无数偶然的发现衍生出的必然结果，这种必然结果促使生物学走上了产业化的道路。基因工程正在为人类创造更多、更新的生物类型和生物产品。此外，人们也可以将一种生物细胞中携带着遗传信息的细胞核或染色体整个地转移给另一种生物细胞，使新细胞产生人们所需要的功能，为改良品种或创造新生物开拓前景，这种在细胞水平上的遗传信息的转移和更换就是细胞工程。

由于 DNA 体外重组的成功，生物科学家们能把人或别的生物的基因转移到微生物中，这使大自然的法则也为之无可奈何。更重要的是外来基因进入微生物以后能发挥其原来的作用，使微生物制造出各种“稀世珍宝”，使本来在生物界中地位最卑贱、繁殖速度却最快的微生物变成了人类的聚宝盆，这种使微生物成为聚宝盆的产业就是微生物工程。

DNA 重组技术的发展不仅使生物体内起生物催化作用的酶蛋白的种类和数量不断增加，而且使酶的改造、修饰以及酶的固定化都有了新的突破，于是生物学园地里又兴起了一项酶工程。

三、细胞工程

引子：

细胞工程分为植物细胞工程和动物细胞工程。

利用植物组织培养技术，快速繁殖植物、改良和修饰植物的个别性状，以及在组织培养中使植物的组织和细胞生产有用产品的操作体系就是植物细胞工程。

动物细胞工程就是利用动物胚胎细胞的全能性，以及动物细胞的某些特殊功能，繁殖、改良动物和生产所需产品的技术。

一毛变群猴

看过《西游记》的人都知道，孙悟空遇到强敌时，经常拔下毫毛，张口一吹，群猴即至。这一绝招，使众多强敌成了他的手下败将。《西游记》中的一毛变群猴，无疑是一则神话故事。神话是虚构的，虚构的神话既反映人们对自然现象的恐惧，也反映人们战胜自然的愿望。随着科学技术的进步，人们支配自然的主动性不断增强，一些神话也逐渐变成了活生生的现实。那么“一毛变群猴”能否成为现实呢？对此作出肯定回答的人是德国植物学家哈伯兰特。1902 年，他就预言，构成植物体的细胞，都有长成完整个体的潜在能力，这种潜在能力就叫植物细胞的全能性。为了证实这个预言，他亲自用高等植物的叶肉细胞、髓细胞、腺毛细胞、雄蕊毛细胞、气孔保卫细胞和表皮细胞等多种细胞做实验，将它们放置在他自己配制的营养物质（人工配制的营养物，称为培养基）中，这些细胞在培养基中可生存相当长的一段时间，有些细胞也会增大，但他始终没有看到细胞的分裂和增殖。1904 年，他的同胞、植物胚胎学权威汉宁用萝卜和辣根的胚进行离体培养，离开母体植株的幼胚在培养基上提早长成了植株。1933 年，我国学者李继侗等明确指出，银杏胚在 3 毫米以上时，经人工培养能长出小银杏树，胚乳提取物能促进银杏离体胚的生长。1934 年，美国的怀特和法国的高斯雷特都认真改进了培养基。怀特用无机盐、糖类和酵母提取物配制成怀特培养基，用这种培养基培养番茄根尖切段，经过 400 多天培养，在切口处长出了一团愈合伤口的新细胞，这团细胞称作愈伤组织。高斯雷特也很幸运，他在克诺普溶液中加进葡萄糖和水解酪蛋白，并把溶液凝结成固体，在这种固体培养基上，山毛柳和黑杨的形成层组织在几个月内都在增殖，最后形成了类似藻类的突起物。1937 年，怀特发现 B 族维生素对离体根的生长影响很大。上面这几

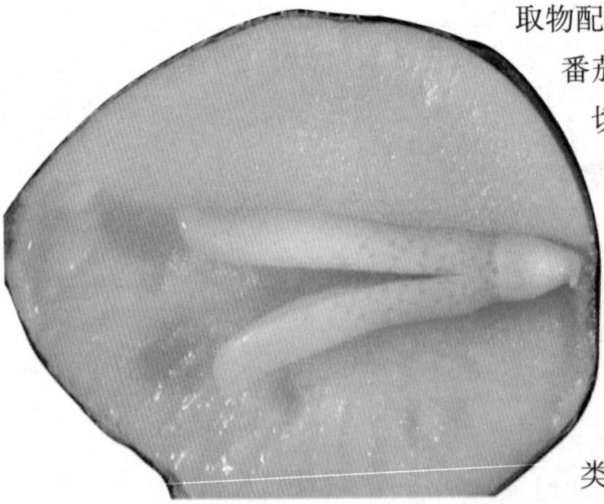

银杏胚　图片作者：Curtis Clark

位科学家对植物细胞进行培养的实验，后来被统称为植物组织培养实验。1943年，怀特将全世界科学家40余年的探索整理成《植物组织培养手册》，但在这本手册中，还没有足以证明植物细胞全能性的可靠实验。

1946年，我国学者罗士韦在培养菟丝子的茎尖时，在试管中形成了花。1948年，美国的斯柯克和我国的崔澂合作，发现腺嘌呤或腺苷可以解除培养基中生长素对芽形成的抑制作用，并且使人工培养的烟草茎段形成了芽，因此确定了腺嘌呤与生长素的比例是控制芽和根分化的主要条件之一。按他们的意见，两者比例高，有利于芽的形成；比例低，有利于根的形成。直到1958年，美国的斯蒂伍特在培养野生胡萝卜的根细胞时，终于得到了来自单个细胞的完整植株。从此. 哈伯兰特的预言，经过50余年的风风雨雨后终于得到证实。

1963年，日本的田中等别出心裁地培养紫露草的花药，得到了单倍体组织。他们的结果鼓舞了印度的两位植物学教授古哈和玛赫希瓦里。他们凭借自己渊博的知识和深厚的植物学功底，早就看到高等植物的生殖细胞跟藻类、苔藓等低等植物的细胞相似。那就是在低等植物的细胞中，不管染色体数目有多少，每种形状的染色体只有1条。从这个意义上说，低等植物的细胞是单倍的。在高等植物的生殖细胞中，每种形态的染色体也都只有1条。玉米的生殖细胞中有10条染色体，它们有10种不同的形态，水稻的生殖细胞中有12条染色体，呈现12种不同的形态：所以它们都是单倍体细胞。既然苔藓、藻类这些低等植物的单倍体细胞能在离体情况下长成新的个体，那么高等植物的单倍体生殖细胞也应该能在离体条件下长成新的个体，即生殖细胞也应该具有全能性。

科学史上许多重要的科学假说，是用类比法建立起来的。古哈和马赫希瓦里这两位教授依靠类比法提出的高等植物生殖细胞具有全能性的假说，是不是科学真理呢？这还有待于实践来证明。

1964~1966年，这两位教授投身于毛叶曼陀罗的花药培养的工作中。他们把毛叶曼陀罗的花药灭菌后，移放在人工配制的无菌培养基上，经过几周的培养，从裂开的花药中长出小植株。小植株来自花药的药壁细胞还是来自花药内的花粉细胞？当这两位教授仔细地检查小植株细胞中的染色体数目后，小植株的起源问题就迎刃而解了。小植株细胞中的染色体数目跟花粉细胞中的染色体数目完全一样，是单倍体。因此可以肯定，小植株是由花粉细胞长成的。他们在从曼陀罗花粉长成单倍体植株的过程中，清楚地看到了生长素和细胞分裂素的关键作用。他们认为，花粉细胞的形态结构和功能性跟受精卵（合子）相比明显不同，花粉细胞是一种分化细胞，但花粉细胞在生长素2，4-D和萘乙酸（NAA）的影响下，有些能回复到受精卵（合子）的状态。这种分化细胞再回复到受精卵状态的过程，称为去分化或脱分化。去分化了的细胞一般情况下没有再生长成根、茎和叶等器官的能力（由去分化细胞分裂再长长成根、茎和叶器官的过程称为再分化），只能长时期进行细胞分裂，一分为二，二分为四……如此不断分裂，最终形成绿豆般大小、晶莹剔透的不规则细胞团。这个细胞团与从植物愈伤组织的伤口长出的细胞团本质上是一样的。因此，由去分化的花粉细胞不断分裂所形成的不规则细胞团也称为愈伤组织。为了使愈伤组织能再分化出芽和根，培养基中必须加入适当浓度的细胞分裂素，如激动素（KT）、6- 卞基嘌呤（6 BA）等，以及适量的生长素，如吲哚乙酸（IAA）、萘乙酸（NAA）等。愈伤组织中的细胞在这些激素的协同作用下，再分化出根、茎、叶等器官样样齐备的单倍体植株。

古哈和玛赫希瓦里由曼陀罗花药培育出单倍体植株的工作，证明了高等植物的单倍体生殖细胞也具有全能性。他们的成功，犹如一声春雷，声震寰宇，激荡五洲。一时间，花药培养成功的消息此起彼伏。1968 年，日本的田中和男与田中正雄，由烟草花药培养而获得了烟草单倍体植株。同年，法国学者尼许领导的研究组和美国学者萨德兰特也得到了烟草单倍体植株，日本的新关宏夫得到了水稻花粉单倍体植株。日本、英国、前联邦德国、丹麦和捷克等国科学家先后用花药培养法得到了茶树、甘蓝、百合、番茄、甘薯、粟、鸭趾草和黑麦草等多种植物的单倍体植株。

花药　图片作者：Andr é Karwath aka Aka

从 1970 年起，我国的科技工作者就有意识地将印度学者发明的花药培养技术用于水稻、小麦等常规杂交育种上，不仅在 1971 年由欧阳俊闻首次得到小麦单倍体植株，而且在不太长的时间内培养成功水稻“新秀”、“花寒早”、“中花 2 号”、“中花 5 号”以及小麦“京花 1 号”等优良品种。这种以花药培养为核心的细胞工程是新品种培育的技术革新，不仅能使杂交育种的选择效果提高 2^n（n 为杂合基因对数）倍，而且还可缩短育种年限。

花药培养为什么会有如此神奇的效果呢？让我们从传统的杂交育种开始作一种简要的阐明，就不难窥见其中的奥妙了。杂交育种也称为组合育种，就是让两个能互相取长补短的亲本通过杂交使双亲的长处集中在一个后代上。传统的杂交育种包括杂交、自交和选择这三个相互衔接的环节。杂交的目的是使双亲的优良性状组合在同一个体上，自交是使重组后的个体变纯（纯合化）。因为只有纯合化的个体才能稳定地代代相传。选择是把符合育种目标的重组合个体从良莠混杂的群体中挑出来。任何幸运的育种家，从杂交开始，直到新品种问世，至少也要6~7年时间。举个例子来说，水稻品种“垦桂”穗大而不抗虫，“科情3号”穗小而抗虫。育种家的目标是得到穗大而抗虫的品种，因此，就设法使这两个品种进行杂交。按遗传学的原理，上述两个品种有两个性状不同，如果用字母A和a代表穗大和穗小的等位基因，用B和b代表抗虫和不抗虫的等位基因，则“垦桂”的基因组成（基因型）为AAbb，“科情3号”的基因型为aaBB。两者各产生Ab和aB配子（生殖细胞），因此两亲本杂交而产生的杂种一代的基因型为AaBb，表现为穗大、抗虫。杂种一代的两对基因都是显性基因和隐性基因的结合，因此称为杂合子。杂合子的俗名就是杂种。遗传学中的分离定律和自由组合定律告诉我们，杂种在产生配子时，各对等位基因中的两个成员一定分离，非等位基因由此而发生重新组合，因此产生的配子就有AB、Ab、aB和ab这4种。雌、雄配子自由组合后可以有9种不同的基因型，即AABB、AABb、AAbb、AaBB、AaBb、Aabb、aaBB、aaBb和aabb。其中，只有AABB这个基因型是符合育种目标的，而AABB在杂种二代中只有1/16，且由于AaBb、AABb、AaBB等杂合体的表现型跟纯合子AABB完全一样，最有经验的育种家也无从辨认，因此只能把这些表型完全一样的纯合个体和杂合个体全部选出来。为了区分表现型相同的纯合子和杂合子，唯一的办法就是分株种植。如果来自同一株的后代，全部跟上代性状相同，就表明它是纯合子；如果来自同一株的后代，表型出现分离，就说明选得的植株是杂合子。选出纯合子后，让它们繁殖后代，并由此培育出新品种。按照遗传学知识，在上述例子中，亲本（父本和母本）不同的性状有2对，杂种二代中符合育种要求的重组型纯合子占杂种二代群体的1/16。如果亲本不同的性状有3对，杂种二代中符合育种要求的重组型纯合子占杂种二代群体的$(1/4)^3=1/64$。依此类推，如果双亲不同的性状为n对，则杂种二代中符合要求的重组型纯合子占杂种二代群体的$(1/4)^n$。我们假设n=10，则在杂种二代中，符合育种要求的重组型纯合子为$(1/4)^{10}=1/104\ 857$。这虽算不上天文数字，但要在如此多的组合中找出符合要求的纯合子，也可说是大海捞针了。正因为这样，育种家都不急于在杂种二代中选择，而是让杂种二代继续自交，因为自交能使纯合子增加。纯合子增加遵循$(1-1/2^r)^n$这一公式，其中n是双亲不同性状的对数，r是从杂种一代开始的自交次数。按这公式计算，如果n=10，r=5的纯合子比r=1时大约要增加750倍。在这时进行选择，效率比在杂种二代时高多了，但选择效果提高必然延长育种时间。由此可见，传统的育种既艰苦又费时间。正因为这样，严谨的育种家经过一辈子的努力，往往还培育不出一个新品种，新品种的问世常常需要几代人的共同努力。因此，革新传统的杂交育种技术早已成为世界各国育种家梦寐以求的愿望。花药培养获得单倍体植株的技术使传统育种方法发生了重大的变化，它的关键在于选择效果的提高和育种年限的缩短。我们仍以“垦桂”和“科情 3 号”为例，两者杂交得到的杂种一代的基因型为 AaBb，表型为穗大抗虫，杂种一代产生的花粉有 4 种。在花药培养时，这 4 种花粉都能长成单倍体植株，即有 4 种不同基因型的单倍体。由于单倍体植株几乎不能结实，所以育种工作者无法直接利用。而当这些单倍体加倍变成二倍体后，就能正常结实。由单倍体加倍而成的二倍体都是纯合的，即 AB → AABB，Ab → AAbb，aB → aaBB，ab → aabb。这 4 类二倍体中，AABB 是育种家需要的纯合子。传统的杂交育种中，由杂种一代到杂种二代是花粉中的精细胞和卵细胞重新组合的结果。在花药培养中，单倍体到二倍体不经过受精这一步，从而使选择效果提高了 $2^2=4$ 倍。亲本不同性状越多，选择效果提高的倍数就越大。不仅如此，从花药培养产生单倍体，再由单倍体加倍成二倍体（可用人工加倍或自然加倍），这种二倍体就是育种家所需要的，由于用不着再通过自交鉴定，这就节省了不少时间。

上海农科院作物所的科研人员，按照遗传原理，用花药培养方法，于 1972 年从“垦桂”和“科情 3 号”的杂种一代上取花粉培养，1973 年上半年得到由单倍体自然加倍的二倍体植株，并得到种子。1973 年下半年种植结果表明，从自然加倍的二倍体水稻上收获的种子，确实是纯合的，因为从同一株获得的后代，性状表现全都整齐一致。1973 年冬，他们直赴海南加速繁殖，1974 年和 1975 年即在国营农场和农村进行示范推广。从花药培养到新品种育成，前后只花了 4 年时间，这是水稻育种史上空前的业绩。这一成果证明，自然科学是人类改造自然和征服自然并向自然王国争取自由的一种武装。

培育玫瑰

法国学者莫里尔在培养大丽菊的茎尖（1952 年）和马铃薯的茎尖（1955 年）时，不仅从茎尖长出了完整植株，而且这些由茎尖长出的植株已无病毒或病毒颗粒明显减少，从而使大丽菊更大、更健，使马铃薯产量更高。莫里尔在取得初步成功后，又集中精力培养兰花的茎尖。在莫里尔的实验室里，一个兰花茎尖在短时期内可以发出很多幼芽，从而长出许多兰花植株，由茎尖长出的兰花同样也消除了病毒危害。由此，莫里尔建立了世界上第一个兰花工厂。植物繁殖工厂化是农业工作者梦寐以求的大事，因此，莫里尔的兰花工厂吸引了许多科学家。到20世纪70年代，美籍日本学者穆拉希格经过自己的研究，总结出了工厂繁殖植物的一整套流程。按照他的看法，要想使植物繁殖工厂化，应在三个不同阶段采取不同措施。第一阶段是外植体的建立，外植体就是用来人工培养的植物或植物部分；第二阶段是芽的增殖和生根；第三阶段为试管苗移栽前的适应。每一阶段必须采取不同的培养基和培养条件。从此以后，茎尖培养和工厂化繁殖植物作为细胞工程的重要内容而广泛用于实践，如兰花、菊花、波士顿蕨、非洲菊、百合、唐菖蒲、香石竹、草莓、石刁柏和香薯等都已形成了育苗工厂。我国科学家在这方面虽然起步较晚，但目前已取得了举世瞩目的成绩，兰花、香石竹、丝石竹、月季、菊花、唐菖蒲、大花萱草、非洲菊、紫罗兰、大岩桐、香瓣玉簪、花叶芋、瑞香、无籽西瓜、草莓、茶花、桉树、杨树、醋栗和芍药等工厂化育苗已进人中试阶段。在改革开放的新形势下，上海都市农业中的一朵鲜艳夺目的奇葩就是“三角瓶苗圃”。三角瓶苗圃实际上是植物细胞工程的一个重要领域，即快速微型繁殖。什么叫三角瓶苗圃呢？我们来看看《新民晚报》的新闻报道吧。

小资料

补血草，听上去像药草，其实是一种好看的花，日本客户大量需要这种药草名的苗，上海高校（浦东）重点实验室之一的上海师范大学试管种苗项目实验室能够“大规模、工厂化、商品化”地生产这种花草的优质苗。

实验室坐落在张江高科技园区，整个实验室一分为二，其一为有菌室，另一部分为无菌室。所有人员进入有菌室前都要换拖鞋。在有菌室的桌上放满了特制的塑料三角瓶，工作人员往里装进供应植物生长的营养，这种营养被称为培养基。不同的植物要求不同的培养基，不同用途的植物需要不同的培养基，甚至从1个芽变化成10~100个芽也靠培养基。三角瓶里装好培养基后送到灭菌锅里高压灭菌，经过灭菌的三角瓶再送到无菌室。

人进入无菌室有更严格的净化消毒措施。试管里繁殖植物属于“克隆”，在三角瓶里克隆植物特别怕杂菌的侵入。因此，在进入无菌室时要第二次换拖鞋，并要用消毒液洗手，再穿上经灭菌过的白大褂。从有菌室到无菌室的通道，每天下班时都开紫外灯进行反复杀菌。

无菌室中最重要的是接种室，接种室内摆放着超净工作台，工作人员坐在超净台前，台上放着镊子和解剖刀，还有点燃的酒精灯和砧板状的玻璃。工作人员用经烧烤灭菌过的刀，切下补血草的茎段，迅速放进装有培养基的三角瓶中，然后封住三角瓶口。在无菌条件下，完成接种以后，三角瓶里的补血草在丰富的营养条件下迅速成长，一般是14天为一个周期。目前，实验室一天一个班次可产10 000~11 000株苗，计划年产量达400万株苗。来自荷兰的专家由衷地称赞这里的三角瓶苗圃是世界一流的。值得一提的是，在三角瓶里繁殖优质苗的植物不仅仅是补血草，像情人草、大岩桐和芦荟等都可以在三角瓶里大量繁殖。

无菌室

植物细胞工程

在探索植物细胞全能性的过程中，建立和发展了植物组织培养技术，即用植物的一个细胞、组织、器官甚至是完整的胚和植株，在人工创造的营养条件下进行无菌培养。植物组织培养技术的完善，不仅证实了植物细胞全能性的预言，而且为植物细胞工程的兴起奠定了稳固的基础。

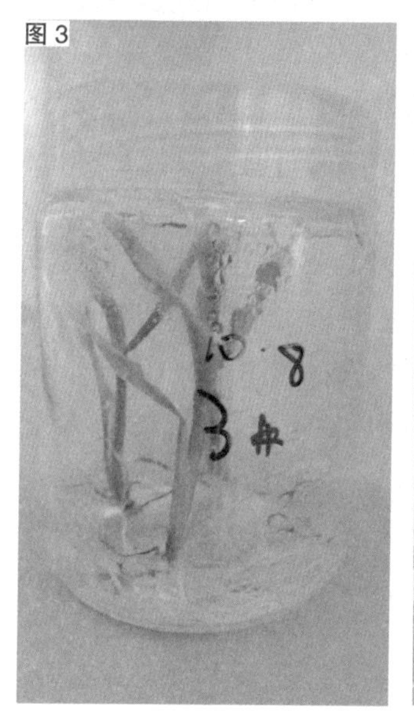

植物组织培养
图 1 和图 2　图片作者：王珊珊
图 3 和图 4　图片作者：俞頔

植物细胞工程，实际上就是按照人类的意愿，利用无菌培养技术，获得符合人类要求的产品的操作，它包括植物优良种苗的快速繁殖、去病毒健壮种苗的生产、单倍体育种、原生质体融合产生新种和新的突变个体以及直接使培养的植物产生人类需要的代谢产物等一系列技术。育苗工场或工厂化育苗是植物细胞工程中的一个重要方面。

1984 年 5 月，英国的《泰晤士报》社交栏中刊登了英国首相撒切尔夫人颁发英荷企业家奖的大幅照片。该奖每年由英国经营家协会提名，授予那些能运用最新技术为英荷贸易作出杰出贡献的企业。这一次摘走桂冠的是位于英国东南部偏僻乡村的图瓦滩植物研究所的一家公司。该公司根据植物细胞全能性的原理，用植物组织培养方法，一年中生产蔬菜和花木幼苗 1 000 多万株，1983 年仅销售幼苗的金额就达 140 万美元。该公司每周都要从英国的希斯罗机场向荷兰、联邦德国和美国运送 25 万株幼苗。该公司包括研究人员和后勤工作人员在内，总计为 110 人，他们每人平均每天要生产 300 株幼苗，这在当时是个奇迹。

图瓦滩育苗工场的育苗方法与众不同，它采用的育苗方法代表着变革的方向，因而它摘取 1983 年度英荷企业家奖的桂冠是理所当然的。但是，有些图瓦滩植物研究所想干而未干的工作，在中国却已蓬勃开展。远的不说，就以三倍体无籽西瓜而言，我国科学院植物研究所和北京市农林科学院的科研人员，经过多年的试验，已成功地用组织培养法培育出幼苗。1987 年，单北京市大兴县苗圃就出售组织培养法培育的无籽西瓜苗 9.5 万株。

三倍体无籽西瓜没有籽，而且含糖量比普通西瓜要高 3%~4%，甜蜜爽口，堪称西瓜中的珍品。这种瓜是四倍体西瓜和二倍体西瓜的杂交后代。杂交就要人工授粉，这是相当麻烦的工作。而且在人工授粉后得到的杂种种子是很少的，在这些种子中能发芽的更少。能发芽的种子长成的幼苗中，畸形苗的比例也很高。这些情况严重影响了无籽西瓜的推广。但用组织培养法培育无籽西瓜幼苗成功后，三倍体西瓜已进入普通百姓的生活。

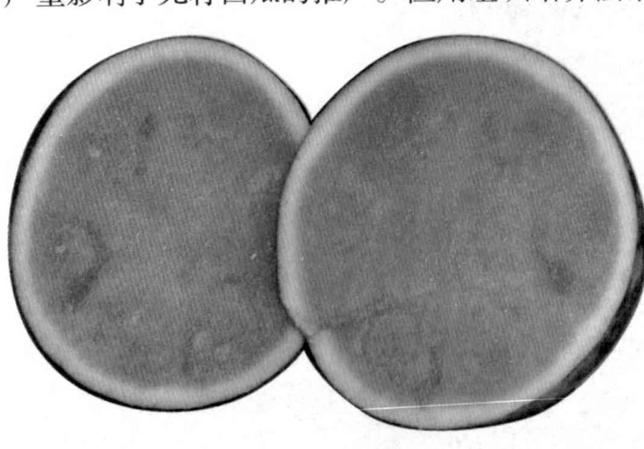
无籽西瓜

据统计，目前世界上已有 600 多种植物能用植物组织培养法形成再生植株。从一根嫩枝条上可以产生 10 万株以上的苹果树，12 支玻璃试管就可以满足更新一个森林所需要的树苗，这就是生物学家的结论。

组织培养技术的广泛应用，

正在将传统的种植业推上工业化的道路。法国兴起了兰花工业，新加坡创办了世界上第一个兰花工业公司，英国出现了新兴的玫瑰工业，美国出现了100多家花卉公司，我国已经建立甘蔗育苗工场和无籽西瓜无性繁殖车间……这一切都预示着传统种植业将被现代化种植业所取代。

许多植物由于病毒的入侵，已是百病缠身，要使病体康复，细胞工程中的茎尖培养堪称是一帖良方。被称为凌波仙子的水仙花，如文献中记载的漳州水仙，几十年前，每株开花15箭以上的也屡见不鲜。它们的叶片挺拔碧绿，花茎亭亭玉立，真如刚到人间的天仙。而在今天，凌波仙子已病魔缠身，愁容满面，在那碧绿的叶片上出现跟叶脉平行的黄条纹或沿着叶脉出现白条纹，有的叶片上长满不规则的黄绿色斑点。发病的水仙再也无力展现7箭、10箭和15箭这样众多的鲜花。因此，当你培育的水仙每株能发花6箭、7箭时，一定会受到人们的称赞和羡慕。

凌波仙子患的是什么病？我国华南植物所、华南农业大学的科研人员翻阅国内外资料，并且多次深入漳州生产水仙的田间实地考察，在对病株作了全面诊断后，确定有3种病毒在为非作歹。现在暂时把这3种病毒统称为水仙花叶病毒。他们的调查表明：水仙普遍受病毒危害，发病率随水仙植株的株龄增长而相应上升，花前期的发病率通常为60%，到开花后增至90%，发病的普遍性和上升速度都是十分惊人的。

防治病毒的常用办法是热处理。早在1889年，爪哇就有人利用热水浸泡甘蔗种，利用病毒和寄主细胞对高温耐受性不同的特点，选择一个与适当的温度相适应的处理时间，就能使寄主体内病毒失活，而寄主仍然存活。可是，热处理只对一些病毒有效，而对线状或杆状病毒作用不大。除热处理外，不少人还想用化学物质来抑制病毒的复制。但是，病毒跟寄主的代谢关系密切，凡能抑制病毒复制的化学物质也毒害寄主细胞。因此，病毒病的化学疗法至今尚未见效。难道水仙只能被病毒吞噬而无法解救了吗？答案是否定的。华南植物所的科研人员经过长期研究，从美国的怀特和法国的莫里尔的工作中得到启示，终于拟定

水仙　图片作者：First Light

出解救水仙的有效方法。

当年，怀特在离体培养被烟草花叶病毒侵染的番茄组织时，能使离体培养的组织块长出根。他把这些根切成小段，对每一小段进行病毒鉴定，结果发现每一小段内病毒的含量是不同的，在近根尖的小段中病毒的含量较低，在根尖部分从未发现病毒。1949 年，另一学者利马塞特证明，番茄茎中也有同样的现象，愈接近茎顶端，病毒的浓度愈低，在茎的分生组织部分（茎尖）没有病毒，这个部分的长度大约在 0.5 毫米以下。1952 年，法国的莫里尔用大丽菊为材料，把茎尖培养在人工配制的培养基上，终于得到无病毒的植株，1955 年，他又用马铃薯为材料，同样得到了无病毒的植株。自此以后，茎尖培养就成了植物消灾避病的有效措施。

华南植物所的科研人员根据科学家的这些发现，在操作室里利用解剖镜、解剖刀和解剖针等仔细剥取 0.5 毫米以下的茎尖，然后把这一个个的无菌茎尖移放在试管里，每个试管里装有 10 毫升左右的培养基。这些操作结束后，把装有茎尖的试管放在温度、光照和湿度都适宜植物生长的培养室中。经过一段时间的培养，茎尖在人工配制的培养基上就长成完整的幼小植株。现在，他们培育成功的水仙植株在具有网罩覆盖的试验田里已几易寒暑。这些生长健康、葱绿挺拔的水仙，确实未发现被任何病毒感染。

水仙复原的事实说明，茎尖培养是消除病毒危害的有效途径，传统的加热法和化学法都无法与之匹敌。自法国莫里尔在马铃薯和大丽菊上消除病毒成功以后，据各国报道，用茎尖培养法去除白薯、甘蔗、兰花、石竹、葡萄、菊花和花椰菜等 60 多种重要经济作物的病毒都已获得成功。美国生物工程企业 NPI 的副会长亚尔达曾说，该公司科研人员用茎尖培养法得到了无病毒的樱桃树苗，他们从中选出能结出比高尔夫球还大两倍的果实。该公司的经理梅格多拉姆说：“在茎尖培养过程中，只要你有意识地在培养基中加入恰如其分的诱变物质，就会在避开病毒危害的同时得到优良的变异，如果你能充分利用它，就能得到优良品种。”目前，该企业培植出的樱桃已取名“犹太巨人”。

植物在离体培养时，也会产生新的变异，这种变异蕴藏着细胞工程的勃勃生机。

美国 DNA 生物工程企业在离纽约西南 120 千米处的辛那明逊有一片广阔的试验地，历年来都种植血红色的番茄。可是，自从金色番茄由该企业的夏普博士培育成功后，就迅速取代了称雄一时的血红番茄，原因是金色番茄的固体组分比血红色番茄提高了 1%。就是这个 1%，使金色番茄身价骤增。该企业经理雷达斯说：“制造番茄酱的主体是番茄的固体组分。普通的血红番茄，固体组分占 5%，金色番茄的固体组分占 6%。因此，原来 6 个番茄才能做出的番茄酱，现在只要 5 个就行了。这样，既可节省运输费，也可节约浓缩番茄时蒸发水分的能源。固体成分（主要是糖分）一提高，就增加了维生素、矿物质营养的比例，这样就使番茄酱的味道更加鲜美了。”连吃豆腐也要加番茄酱的美国人，每年需要番茄 1 000 万吨，因此番茄固体组分从 5% 增加到 6%，的确是一个了不起的变化。

夏普博士介绍金色番茄的来源时说，他们从加利福尼亚大学研究成功的栽培番茄品种中切取10个植株的部分叶片，经过灭菌后放入装有培养基的试管中。不久，这些离体叶片形成愈伤组织，3~4 周后，从愈伤组织上冒出幼芽。把这些幼芽移到改变了激素成分的另一种培养基中，最后形成 230 株植物体。因为这些植物体是从组织开始再生的，所以这些植物体称为再生植株。从这些再生植株采收种子，由再生植株的种子长出11 040株番茄。在这11 040株番茄中出现了各种各样的变异类型，金色番茄就是其中的一种。

夏普博士指出，组织培养得到的番茄植株为什么会产生变异，以及产生那些变异的原因还不十分清楚，但金色番茄确实是在组织培养中出现的。这一点，至今很多人还不大相信。但夏普博士和同事们都坚信，组织培养不仅能使血红色的番茄变成金色，无蒂番茄也能通过组织培养产生。他们现在正全力以赴地寻找无蒂的变异，一旦无蒂番茄育成，不仅番茄酱的质量可望提高，而且在制酱时可省去剥蒂的麻烦。这里指的蒂实际上是果实和果柄分离时留在果实上的疤痕。

夏普博士和他的同事们在番茄组织培养中发现组织培养能引起变异的事实，在其他多种作物中也经常出现。美国明尼苏达大学的京根巴赫和格林教授，在将不抗玉米小斑病的玉米组织放在加有玉米小斑病的浓缩菌液的培养基上培养时，经过 7~8 次的连续培养，终于从玉米愈伤组织上长出抗玉米小斑病的再生植株。日本的大野在培养水稻“农林 8 号”的愈伤组织时，在 MS 培养基中加 1% 的 NaCI，很多愈伤组织不能适应这样的环境，在培养过程中萎缩死亡，而有 3 块愈伤组织经受住了这高盐环境的考验，而且分化出 70 多株再生植株。这 70 多株再生植株中能结实的只有 20 株。从这 20 株上得到的种子，播种在含有 1%NaCl 的土壤中，又有 17 株不复发芽或发芽后不能成长，只有 3 株能顺利发芽、生长、抽穗和结实。这说明在水稻组织培养过程中有部分愈伤组织发生了变异，否则，耐盐水稻是从哪里来的呢？

无论金色番茄还是无蒂番茄，也不管是抗病玉米还是抗盐水稻，虽然作物的种类不同，但它们都是在组织培养过程中突然出现的变异个体，因此都叫突变体。这些突变体为育种工作者增添了财富，而且以它们蕴藏的信息滋润着他们的心田。现在，植物组织培养筛选突变体已正式成为育种工作者改良植物品种的一种有效方法。

岐阜绿白兰记载着组织培养的另一功绩，那就是哺育植物“早产儿”的独特

一株突变花卉出现了两种颜色的花
图片作者：JerryFriedman

功能。

岐阜绿白兰是日本岐阜县农业试验站科研人员培育成功的一种蔬菜新种。这个新种的父本是卷心菜，母本是白菜，而岐阜绿白兰兼有两者的优点。培养白兰的原始设想是想把卷心菜抗软腐病的基因输入白菜，使白菜免遭软腐病造成的灭顶之灾。当卷心菜的花粉到达白菜的柱头时，虽然授粉、受精一切正常，杂种也能产生；可是这个杂种注定是短命的，最多只能成活 30 天。如果在 30 天前不采取特殊措施，杂种必然枯萎夭亡。为了挽救这个小生命，岐阜县农业试验站的研究人员立即从白菜的子房中取出幼胚，在无菌条件下放在补加胚胎发育所需养分和激素的培养基上。经过多次试验，终于使幼小的生命顺利地在母体外通过各个发育阶段并长成幼苗。这种白菜和卷心菜的杂种虽然逃过夭亡的厄运，但如果在幼苗期无法使它的染色体加倍，也会因不能传代而绝迹。这是因为白菜和卷心菜属于芸苔属中的两个不同物种，在两者的细胞中，染色体数目和形态结构都不相同。这两个种的杂交并未使染色体恢复成双，因此杂种在减数分裂时，各种不同形态的染色体各行其事，以致使几乎所有配子都缺少染色体。缺少了染色体的配子（精子或卵子）不能参与受精。为此，研究人员在白兰杂种长出幼苗后及时用秋水仙素处理，使幼苗的染色体加倍，这样才使白兰二度死里逃生。日本农林省蔬菜试验场的西贞夫博士指出：“岐阜绿白兰是日本引以自豪的全新作物，它不再害怕软腐病的危害，它兼有白菜和卷心菜的优点，所以无论生吃、炖煮、腌渍和热炒，味道都很鲜美。”1984 年 9 月，岐阜绿白兰作为新品种而在日本农林省正式注册，并且迅速向全日本推广。岐阜绿白兰的育成，确实是日本科研人员的劳动结晶，但如果没有组织培养挽救幼小生命，岐阜绿白兰是否能降临人间，还得打上一个大问号。

小资料

岐阜绿白兰是人工创造的全新植物。在这个新植物的细胞里兼有白菜和卷心菜的全部染色体。白菜和卷心菜都是具有两组染色体的二倍体，那么岐阜绿白兰就是兼有两个二倍体的复合体，或叫双二倍体、复合二倍体、异源四倍体。如果要问，为什么白菜和卷心菜都叫二倍体，那是因为它们的细胞中有两个染色体组。那么什么叫染色体组呢？染色体组就是各稳定物种产生的配子（生殖细胞）所包含的染色体组成。也就是说，配子中的染色体组成就是一个染色体组，由于合子是由两个配子结合而成的产物，它一定有两个染色体组，因此叫做二倍体。由合子经过有丝分裂产生的正常细胞也是二倍体。至此，读者必然会产生这样的疑问：岐阜绿白兰现已成为一个稳定的新种，它究竟是几倍体？这可从两个方面作出回答。一是，如果按配子中的染色体组成就是一个染色体组这个标准而言，那么岐阜绿白兰是二倍体，因为它也是精卵细胞受精的产物。二是，如果按岐阜绿白兰的起源而言，岐阜绿白兰的细胞中包含一个白菜二倍体和一个卷心菜二倍体，实际是四倍体，由这种细胞减数分裂产生的配子，其中必含有一个卷心菜的染色体组和一个白菜的染色体组，实际上岐阜绿白兰的一个染色体组是由两个来源不同的染色体组合成的，因此可以叫做复合染色体组。如果我们用 n 代表岐阜绿白兰的染色体组，用 $X_{白}$ 和 $X_{卷}$ 分别代表白菜和卷心菜的染色体组，则 $n=X_{白}+X_{卷}$，$2n=2X_{白}+2X_{卷}$。从上列等式中看出，岐阜绿白兰是复合二倍体，也是异源四倍体。

岐阜绿白兰告诉我们，自然界的生物也有符合“1+1=1”这样的特殊公式的。类似这类工作早已有人作过尝试，苏联学者卡别钦科和我国学者鲍文奎就是其中杰出的代表。卡别钦科想把甘蓝和萝卜合并起来，创造一个地下结萝卜、地上结菜叶的两用植物。因为萝卜和甘蓝在分类上属于不同的属，亲缘关系极远，故而两者是不能杂交的。为了打破大自然的这种安排，卡别钦科一次次地去雄、杂交，经历了无数次的失败，耗尽毕生精力，终于创造出萝卜甘蓝这个新种。我国学者鲍文奎在他风华正茂时就想使小麦跟黑麦杂交，直到他鬓发苍白，小黑麦新种才在我国的童山秃岭迎来喜悦的丰收。

萝卜甘蓝、小黑麦和岐阜绿白兰是人工创造的物种，这些创造又激发出人类新的创造灵感。既然萝卜和甘蓝、小麦和黑麦、白菜和卷心菜能够杂交，那么为什么番茄和土豆、水稻和蚕豆、小麦和大豆等不能两家合一家呢？要是番茄和土豆并家，不是可使土地和空间发挥更大的效益吗？这些振奋人心的美好愿望，随着细胞工程的兴起，正在向现实靠近，薯番茄就是最好的例证。

薯番茄的身世也充分体现出细胞工程的巨大潜力。要了解薯番茄，就要先从日本学者冈田善雄谈起。

1957 年，日本学者冈田善雄在培养动物细胞时发现，失去活性的仙台病毒能使动物细胞融合，从事植物组织培养研究的工作人员由此受到启发，想通过不同种、不同属甚至亲缘更远的植物之间的细胞融合培育出“超级杂种”。这种想法是十分大胆的，但是要真正付诸实施时，却有许多问题有待解决。首先，植物细胞比动物细胞多了一层坚硬的壁，叫细胞壁。这层本是保护细胞免受损害的壁，却是细胞融合的第一道封锁线。因此，要使植物细胞融合，首先就要脱壁，脱壁以后还要使脱壁细胞（裸细胞）保持活性，使具有活性的远缘裸细胞（裸细胞的正式名字为原生质体）在外来物质的促进下合二为一，接着的问题是如何从混合物中把融合后的细胞挑选出来和把融合细胞培养成完整植株，并使杂种顺利传代。

最初的脱壁方法是把植物组织放在高浓度的糖溶液中，使细胞发生质壁分离，然后剪碎组织块，这时就有一些完整的裸细胞（原生质体）从细胞壁的裂口处释放出来。用这种机械方法得到的原生质体的数量很少，而且几经折腾，原生质体的活力受到很大影响，研究与实用价值极低。直到1960年，英国诺丁汉大学的科金教授，首次用纯净的纤维素酶、半纤维素酶和果胶酶的混合液处理番茄根尖细胞，才得到大量原生质体。为了辨别这些原生质体是死还是活，科金把它们放在培养基上，这些原生质体在适当的培养条件下终于长出了新壁，新壁的出现就意味着由酶液处理所得到的原生质体是活的。其实，检查原生质体的死活，只要看形状，看原生质体体内微粒的运动状况或用特种染料染色就能达到目的。

科金创造酶法脱壁成功后，植物细胞的脱壁、原生质体的培养和融合等研究高潮迭起。1971年，日本的建部从烟草原生质体培养中成功地得到了再生植株，证明原生质体也具有全能性。1972年，美国的卡尔逊等用粉兰烟草和郎氏烟草的叶肉细胞，用酶法脱壁后，使两种烟草的原生质体等量混合，放在0.25M的硝酸钠溶液中，原生质体自动发生了合二为一的融合。当然，这两个并成一个的原生质体有的是属同一种烟草的，有的是来自两种烟草的；前者称为同源融合，后者称为异源融合。为了把异源融合而成的原生质体从同源融合和未融合的混合溶液中挑选出来，卡尔逊根据两种烟草的原生质体都不能在无激素的培养基上生长的特点，创造了营养选择法，也就是配制一种无激素的培养基，把原生质体混合液移在培养基上，能长出愈伤组织的肯定就是异源融合的原生质体。

20世纪60年代初，我国曾经有科学工作者不断地进行番茄土豆的嫁接实验，希望能够培育出植株上面结番茄而植株下面长土豆块茎的新品种。但是，一次次的实验都失败了。又有人用番茄和土豆进行授粉实验，希望通过有性杂交达到这个目的，可是一次次的实验也失败了。有人解释说，番茄属茄果类蔬菜，土豆属薯芋类蔬菜，它们的亲缘关系很远，是不可能互相结合的。人们几乎对于这样的植物试验失去了希望和信心。然而，1978年，联邦德国的梅罗帕斯博士向世界宣告，他们已经得到了薯番茄。所谓薯番茄就是上面说的那种马铃薯（土豆）和番茄的共同后代。梅罗帕斯博士在谈到他们要培育薯番茄的目的时曾说过，他们想把马铃薯的耐寒性转移给番茄。他们也曾进行过有性杂交的实验，经受了一次次的失败后，他们放弃了传统的方法，改弦易辙，开始采用科金、建部和卡尔逊等人所创造的方法：先用酶液除去马铃薯、番茄的细胞壁，然后将两种去壁细胞（原生质体）等量混合，在混合液中加进聚乙二醇溶液，促使原生质体紧密粘附、聚合，再用高钙和高 pH 溶液处理，结果马铃薯与番茄两种原生质体的融合率竟高达 40%~50%。毫无疑问，原生质体的合二为一，既有番茄与番茄、马铃薯与马铃薯同源融合的，也有番茄与马铃薯异源融合的，而符合要求的只是异源融合的原生质体。

怎样才能将异源融合的原生质体从同源融合的原生质体中区分出来呢？这个问题，梅罗帕斯等人在设计方案的时候已经考虑好了。他们只选用番茄的根尖细胞和马铃薯的叶肉细胞进行融合实验，因为根尖细胞无叶绿体而叶肉细胞中含有大量叶绿体；所以，当原生质体发生融合以后，在显微镜下如果看到具有叶绿体和无叶绿体两种原生质体融合成的统一体，就是符合要求的异源融合体，也就是杂种原生质体。梅罗帕斯等人就是依靠显微镜的直接追踪，得到了马铃薯和番茄的杂种原生质体，并在人工培养下得到了完整植株。这种植株长得基本上像番茄，地下虽然没有长出马铃薯，但地上部分已结出青果，耐寒性已介于番茄和马铃薯之间。尽管梅罗帕斯等人得到的薯番茄与他们的要求相距甚远，但薯番茄的问世毕竟打破了种与种之间不能杂交或难以杂交的天然屏障，为原生质体融合创造超级杂种开拓了一条新途径。尽管薯番茄本身不伦不类，但却是实实在在的不朽创造，是人类的光荣。

1984 年，科金在日本京都大学主办的植物细胞育种和细胞工程学的讨论会上明确指出：“在不能利用普通授粉方法进行杂交的异种植物间，当需要把希望保留的基因转移到另一植物体时，细胞融合方法就能起作用了。”科金还在这次讨论会上谈到他跟菲律宾国际水稻研究所合作研究选育耐盐稻种的方法，那就是先去掉有代表性稻种和耐盐野生稻种的细胞外壁，然后将两种原生质体合并起来，这样就能把耐盐野生稻种中的耐盐基因转移到有代表性的稻种中。

一贯注重理论联系实际的我国科学家，在作物原生质体的培养方面，取得了很大成绩。例如，已有许多实验室能多次成功地将水稻原生质体培养成再生植株，中国科学院植物生理研究所的卫志明等首先取得了大豆原生质体培养成株的成功；同时，原生质体的融合也正在与培育新品种结合。

植物细胞全能性的探索开辟了植物细胞工程的先河，同时也鼓舞了从事动物学研究的一部分科学家去探索动物细胞的全能性。

“多利”的问世

在植物学家兴致勃勃地探索细胞全能性的时候，从事动物研究的科技工作者也按捺不住内心的激动了。他们想探索一下，离开整体的一个动物细胞能不能形成一个完整的动物。换句话说，他们想改变自古以来动物靠雌雄结合产生后代的固有规律。当历史的时针指向 1938 年时，哈伯兰特的同胞施佩曼首次用精密而巧妙的方式使本来只能形成一个动物的受精卵产生了两个模样相同的动物，首次改写了动物繁殖的历史。

施佩曼将婴儿的胎发打成环套，套在蝾螈受精卵的中部，然后轻轻拉紧胎发套，使本来是球形的受精卵中间凹陷变成了哑铃状，受精卵里的细胞核进入了哑铃的一端。此时，施佩曼看到有核的哑铃端开始一分为二、二分为四……这样的细胞分裂，而没有核的那一端一直维持原状。当有核哑铃端分裂成 16 个细胞时，轻轻松开发套扣，细胞核立即沿着细胞质通道进入无核的哑铃端。无核端得到一个细胞核以后也开始一分为二、二分为四……这样的细胞分裂了，结果是哑铃两端越来越大，最终两端分离，各自形成了完整的蝾螈胚胎。

蝾螈

施佩曼得到的结果表明：只有细胞质时不能引起细胞分裂；受精卵的一部分细胞质就能保证细胞核的分裂；受精卵分裂成 16 个细胞时，细胞核仍然具备形成完整胚胎的能力。自此以后，世界各国的科学工作者开始走上了探索动物细胞核全能性的征程。1952 年，美国科学家布里格和金在两栖动物的研究中取得了新的成果，他们把处在 8 000~16 000 个细胞阶段的豹蛙胚胎细胞核转移到事先去掉细胞核的卵中，实际上是豹蛙胚胎细胞的核与豹蛙卵细胞的质重新组装成一个细胞，这个重组细胞最终形成了正常的豹蛙胚胎。这说明豹蛙的受精卵分裂成 16 000 个细胞时，其细胞核只要有卵细胞质的帮助，仍然具有形成胚胎的能力。大约在1962年，英国科学家戈登用非洲爪蟾的肠细胞核移到爪蟾卵细胞质中，不仅形成了胚胎而且发育成蝌蚪和成体非洲爪蟾。戈登是幸运的，他在把爪蟾的肾、肝、肺等组织的细胞核移植到爪蟾卵细胞质中后，重新组装成的细胞经历了受精卵到胚胎的正常途径，最终发育成蝌蚪或成体非洲爪蟾。20世纪70年代，我国著名科学家童弟周从黑斑蛙的红细胞中取出细胞核，当红细胞核进入去核的黑斑蛙卵中后，这种重组细胞在童弟周教授的实验室中长成了蝌蚪。在两栖类中所取得的一个个成果，标志着两栖类的身体细胞核是具备全能性的，而全能性的体现离不开卵细胞的质。

科学研究取得的成果又为新的探索指引了方向。两栖类中的研究结果有没有普遍意义？为了回答这个问题，自20世纪80年代起，科学家开始了探索鱼类、哺乳类细胞全能性的工作。

1980年，我国武汉水生生物研究所的科研人员，首次把处在囊胚期（胚胎发育过程中的一个阶段）的鲫鱼细胞核转移到去掉核的鲫鱼卵细胞中，这种换过核的卵细胞最终形成了鲫鱼。这个结果表明，鱼类的胚胎细胞核是全能的，即能在一定条件下形成鱼，这个一定条件就是卵细胞质。

1981年1月6日，一则新闻特别令人振奋，那就是美国人P. C. 霍普和瑞士日内瓦大学的K. 伊尔门齐合作，把灰色家鼠的胚胎细胞核转移到黑色家鼠的去核卵中，换核的卵细胞在玻璃管中培养4天后移植到白色小鼠的子宫内，换核卵在白鼠子宫内孕育，最终白鼠生下了一只灰色鼠。

鼠与马、牛、羊同样属于哺乳动物，在生物进化的历程中，它们比两栖类、鱼类更接近人，哺乳动物的换核技术要比两栖类、鱼类复杂得多，而换核卵的人工培养就更困难。因此，小鼠换核卵成长为完整的小鼠确实是动物换核史上的里程碑。可是，这条新闻发布后两年，美国费城威斯坦研究所的詹姆斯·麦克拉思和达沃尔·泽尔特博士在《科学》杂志上著文指出，按照霍普和伊尔门齐的方法，不可能取得成功。他们特别指出，根据他们的调查，霍普和伊尔门齐的结果是伪造的。

伪造的东西令人深恶痛绝，也伤透了诚实的科学工作者的心，当然也坚定了一批学者捍卫科学尊严的信心。决心捍卫科学纯洁性的学者坚信“在青蛙中做到的事，在哺乳动物中也应该能做到”，但必须付出更艰巨的劳动。

1979年，英国生物学家施特恩·威拉德森取得的新成果举世瞩目。他从羊的未成熟胚胎细胞中取出核，把这种胚胎细胞核移植到预先去掉细胞核的单卵细胞中，这种组装成的细胞，或者说换核细胞最后形成了一只羊。威拉德森的杰作使从事哺乳类细胞全能性探索的研究人员信心倍增，英、美两国的科学家相继在1986年和1987年独自将牛的早期胚胎细胞核转移到去核卵中，结果换核卵发育成了牛。

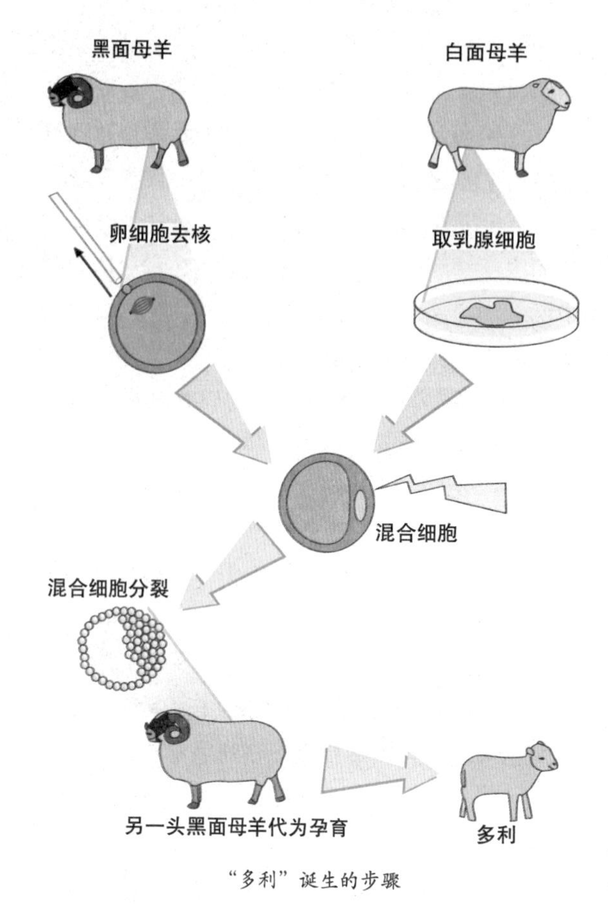

“多利”诞生的步骤

进入20世纪90年代，由于技术的完善和研究队伍的壮大，哺乳动物细胞全能性的证据越来越多。1991年，中国科学院发育生物所，用兔子胚胎细胞的核换掉了兔子卵细胞的核，换核卵在另一只母兔子宫内发育，但未到分娩就胎死腹中了。1992年，江苏农科院用发育生物所同样的方法，得到了活蹦乱跳的换核卵形成的兔子。1993年，我国台湾省高户研究所用猪的胚胎细胞核替换猪的卵细胞核，总计由换核卵形成了5头猪，其中1头是公猪，4头为母猪。到1997年，这些换核卵形成的猪经过雌雄交配已繁殖了3次。1994年，美国威斯康辛大学的尼尔·菲尔斯特把有120个细胞时的牛胚细胞核转移到牛的卵细胞质中，在众多的换核卵中，也有换核卵细胞最终形成了完整的牛，但成功率降低了，这个结果正好证明了美国科学家布里格和金的结论：即早期胚胎细胞的核是全能的，随着胚胎发育向前发展，全能性的细胞核越来越少，到了成体，细胞核就失去了全能性。

哺乳动物成熟后，其体细胞核果真失去了全能性吗？英国科学家威尔穆特用事实否定了这个结论。

1996年，威尔穆特使羊的胚胎细胞处在“饥饿”状态下，然后把“饥饿”中的胚细胞核转移到去核的羊卵细胞中，得到了取名为“梅根”和“莫隆格”的两只羊。就在梅根和莫隆格出世不久，威尔穆特开始了他“异想天开”的研究，他决定从分泌乳汁的乳腺细胞中取出细胞核进行实验。按照布里格和金的观点，乳腺细胞是专管分泌乳汁的，其中的细胞核无论如何也不会具备形成完整动物的能力。当威尔穆特从产于芬兰的6龄多塞特母绵羊乳腺中取出细胞并把这种乳腺细胞的核转移到苏格兰黑面母羊的去核卵细胞中以后，在重新组装成的细胞中，有的开始分裂了，威尔穆特把分裂的重组细胞再小心翼翼地放到一只黑面母羊的子宫中，想借用黑面母羊的子宫守护好开始分裂的细胞。威尔穆特的运气总算不错，一只黑面母羊忠于职守，经过 5 个多月的“代理母亲”阶段，最后分娩出一只白面小母绵羊，这就是闻名世界的“多利”。

“多利”的问世，推翻了有史以来绵羊乳腺细胞不能再形成羊的金科玉律，开创了成年哺乳动物体细胞也能直接发育成完整动物体的新纪元。因此，当 1997 年 2 月“多利”问世的消息公布之后，全球立即为之震动，因为成年动物是有鼻子有眼的活生生的生物，与胚胎具有明显的差别，如果说胚胎是生物，那么胚胎只是变化中的生物。就拿人类来说吧，在受精卵阶段、桑椹期阶段和原肠胚阶段……等早期胚胎时期，人的胚胎与猴、猪和牛的胚胎是很难区分的，而出生后的人，尤其是成熟以后的人，与猴、猪和牛的差别就一目了然了。因此，如果你有意要想使一个牛胚胎形成两头甚至更多的牛，可以用胚胎细胞核转移到卵细胞质中去的办法，但最终发育成功的牛可能是不合你的心意的劣质牛；若用一头产奶量高的母牛乳腺细胞核移植到去核卵中，那么可以有把握地说，由这种组装细胞形成的牛，也是产奶量高的优质乳牛。

从施佩曼开始直到威尔穆特，在 60 年左右的岁月中，科学家证实了动物胚胎细胞核是全能的，也证实了哺乳动物成体的细胞核同样具有全能性。

动物细胞工程

从施佩曼开始，在半个多世纪内，许多学者为探索动物细胞全能性付出了毕生心血，有的学者甚至在临终时，也未能看到自己辛勤劳动所创造的成果；但是，正是由于有这一批批科学研究的先驱者，动物细胞、组织的人工培养的技术终于建立起来了。正是由于动物细胞、组织人工培养技术的建立和发展，导致了动物细胞工程的诞生。

动物细胞工程领域相当广泛，从细胞培养到异种间的换核以创造核质杂种，从胚胎分割到体外受精，直至生物导弹的制造，都属于动物细胞工程的范畴。

小资料

1981 年夏天，美国波士顿市郊发生了一场大火。这场大火不仅把名叫苏姗的家烧个精光，而且几乎把聪敏伶俐的苏姗小姑娘烧得如同焦炭。要救活苏姗，首要的问题就是为苏姗大面积换皮。

换皮，谈何容易，不要说苏姗已无完好的皮肤可供使用，就是有人愿意捐献皮肤，也会因苏姗体内产生的特种抗体蛋白的排斥而无法使用。就在苏姗生命垂危关头，美国马萨诸塞州综合医院创伤科的伯克博士力挽狂澜，他用人造皮肤挽救了苏姗的生命，使苏姗劫后重生。

伯克制造人造皮肤外层的材料是硅橡胶薄膜，薄膜上有许多小孔可以透气，新鲜氧气就从这些小孔透进去，让受伤的皮肤加快生长的速度。此外，人造皮肤的外层还能起到保护作用。最稀奇的是人造皮肤的内层。那是一种特殊的培养基：培养基的主要成分是从牛皮、鲨鱼软骨组织中提取出来的营养物质，除此以外，还添加了一些能刺激细胞生长的激素。科学家将这些物质配成培养基，然后将它们融合、冻干和烘焙成形，再经过消毒处理，就成了人造皮肤的内层。当烧伤患者剩余的皮肤细胞碰到了培养基，便贪婪地去“吃”培养基，并迅速地分裂、长大，渐渐使创口愈合。

但伯克发明的人造皮肤，只能暂时代替皮肤的一部分功能，起到帮助皮肤重生的作用。说是人造皮肤，其实还称不上是真正的皮肤。真正的人造皮肤应该能较长时间或永久留在患者身体表面，能出汗，会呼吸，起排泄和感觉作用。

如何使人造皮肤在人体上永存？美国加州某个研究所在仔细分析了伯克造的皮肤之后，采用“播种”细胞的办法制造出一种胜过伯克造的皮肤。

所谓播种细胞造皮法，就是将婴幼儿在手术后留下的幼嫩皮肤，均匀地播撒在一种网状物上，而这种网状物则浸放在培养液的表面。在进行细胞培养的过程中，往培养液中添加某些特殊的成分，这些成分能使细胞发生一些改变，使接受者的身体不会发生排异反应。尤其使人惊奇的是，这些分散的细胞在很短的时间内便会长成新的皮肤，而且它们会分泌出促进受损部位组织迅速愈合的生长激素。因此，移植以后的几个星期内，受伤部位周围的毛细血管便“钻”进人造皮肤。接着，患者本身的皮肤细胞也迅速“安家落户”，从而将人造皮肤变为新皮。

播种法还适用于培养人工肝脏。众所周知，肝脏细胞是人体内最为娇嫩的一种细胞，要培育人工肝脏，难度较培养人造皮肤更大。美国洛杉矶市的科研人员德米特里奥及其同事已开始了这一艰难的历程。他们把大约 50 亿个肝细胞放在一种外包黏蛋白的淀粉珠上，而后再将淀粉珠播撒在网状织物里，制成一种活性肝。把这种活性肝置于无菌容器里，让肝病患者的血液从活性肝中间流过，结果活性肝不仅排除了血液中的毒素，而且还释放了酶和激素。目前，这种活性肝已经顺利植入动物体内，至今尚未发现不利影响。

播种细胞的技术还适合于制造人造骨骼。开始，人们常用铁、铜、不锈钢等材料制作人造骨骼，但做成的人造骨骼容易腐蚀，对人体会产生不利影响。稍后，又有人用钛合金制造人造骨骼。这种人造骨骼较用铁、铜、不锈钢做成的人造骨骼既轻又牢，且没有毒害作用，但和其他人造骨骼一样，难以与真骨愈合，得靠胶合剂将其胶合，一旦胶合处脱开，就不得不重新做手术，从而增加了患者的痛苦。20 年前，人们开始尝试用陶瓷制作人造骨骼，经过许多年的研究，科学家终于研制成功用生物陶瓷制成的人造骨骼。这种人造骨骼既耐压又耐磨，化学性能十分稳定，长时间浸泡在血液中也不会受到腐蚀。更妙的是，当生物陶瓷内添加了钙和磷等人体能够吸收的元素以后，患者的血管很快便长入人造骨骼的小孔中去，最后真骨便与人造骨愈合在一起。

然而，假骨毕竟是假骨，即使是用生物陶瓷制作的人造骨骼也还有不尽如人意的地方。因此，人们便想起了播种细胞的方法。

美国麻省理工大学的研究人员和纽约某纺织品研究单位的科研人员合作，进行了将骨细胞播种在纺织品上的实验。他们把人耳软骨细胞均匀地撒播在用多聚乙醇酸细丝织成的网状物上，再将网状物放在含有培养基的培养皿中，软骨细胞迅速分裂长大。几星期后，整个培养皿都长满了人耳软骨细胞，而原来的网状物却在细胞分裂的同时分解为二氧化碳和水了。据有关报道．用播种法培养成的软骨组织厚度已达 3.2 毫米，大小如同硬币。当把这种软骨组织移植到兔子受损的关节处，7 周后，兔子的关节开始再生。

这些开创性的工作，使人们乐观地预料，医生根据患者的不同需要，从患者身上取下细胞，播种到由电脑预先设计好的有机材料织品上，就可以制造出不同的组织和器官供患者使用了，这样做的结果，不仅能使伤口加速愈合，还可免除排异反应。

播种细胞的开创为无数疾病患者带来了福音，给了他们生活的希望和信心，而作为动物细胞工程中的主要方法之一——动物的换核技术，更为培育新种开辟了道路。

长期以来，鱼类育种工作者习惯用有性杂交法来培育良种。有性杂交的原理是双亲的基因重新组合出现各种不同基因型的后代，从不同基因型（基因组合）中花几年、十几年甚至几十年的时间，把具有优良性状又能稳定遗传的个体选出来，任其单独繁殖成一个优良品种。这种传统的老办法费力又费时。

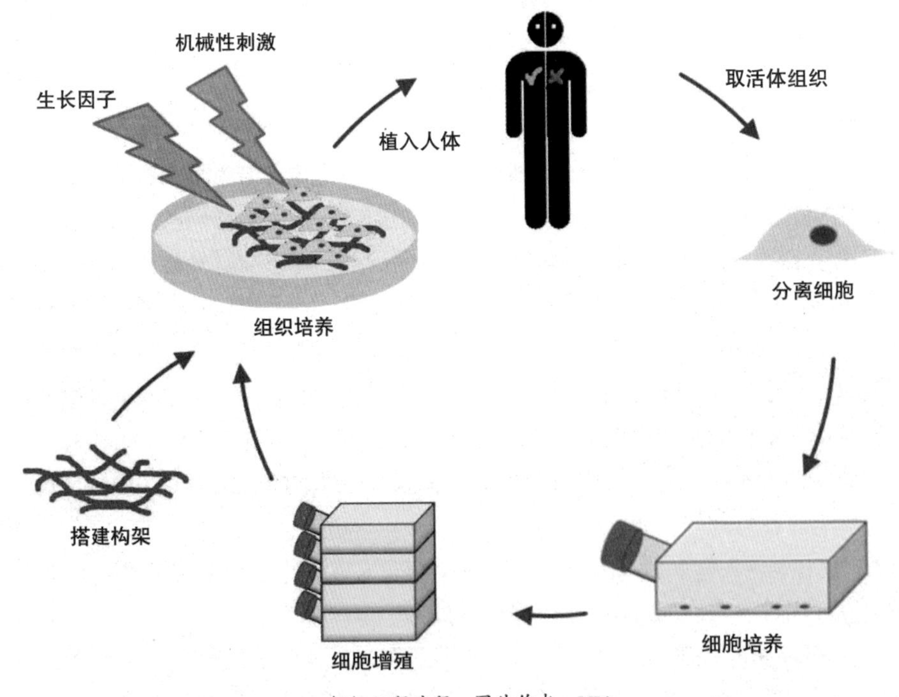

组织工程流程　图片作者：HIA

1980年，我国武汉水生生物研究所向全世界公布，该所的陈宏溪等用优良鲫鱼的体细胞核去替换鲫鱼卵细胞核，得到了优良鲫鱼的“复制品”。这个消息意味着我国的鱼类育种技术进入了细胞工程时期。陈宏溪等在鲫鱼换核方面的成功，意味着高效、快速和经济的育种技术将有可能替代或补充传统技术。因为，只要在鲫鱼群中找到一条优质高产的鲫鱼,就可从这条鲫鱼数以百万亿计的体细胞中取出核，再将这种核移到鲫鱼的卵细胞中去替换卵细胞的核，这种换核卵将发育出与提供核的高产优质鲫鱼几乎完全一样的复制品。这不仅缩短了选育良种的年限，而且也减少了饲料投入及鱼池数目。

在复制鲫鱼成功以后，武汉水生生物所的另一位学者吴尚懃产生了一个更大胆的设想。他想，如果将这种鱼的体细胞核移植到另一种鱼的去核卵中，使两种不同鱼的细胞核与细胞质互相配合，会不会由此得到同时具有两种鱼的性状的新鱼种呢？想到就做，吴尚懃大胆地从鲤鱼的红细胞里取出细胞核，将它移植到金鱼的去核卵中，此外，他还将鲤鱼细胞的核移到鲫鱼的去核卵中，这些换核试验都得到了圆满的结果。

要知道，鲤鱼和鲫鱼在分类学上是属鲤鲫亚科中的不同属的，也就是说，鲤鱼和鲫鱼的亲缘关系是非常远的。因此，鲤鱼和鲫鱼间的精子和卵子很难结合，即使偶有成功，杂种也很难再产生后代。但是鲫鱼的味美肉、细嫩和鲤鱼生长快、个体大等特点早已吸引着鱼类育种家的兴趣，使这两种鱼“早结良缘，生儿育女”的愿望早已有之，苦于没有良方而只能束之高阁。

在鲫鱼换核实验取得成功后，吴尚懃在20世纪80年代初就与水产总局长江水产所的科研人员合作，从鲤鱼胚胎细胞中取出核并用它替换了鲫鱼卵细胞的核。换核卵分裂了，最终经过正常的发育途径发育成核质杂种鱼（即鲫鱼细胞质和鲤鱼细胞核）。这种鱼嘴角的长须像鲤鱼，侧线和鳞片数、脊椎骨数又都像鲫鱼，最吸引人的是鱼肉鲜美细嫩、生长迅速、体形庞大。

随着细胞核移植技术的不断完善，核质杂种的动物正在悄悄来到人间。今天，这项技术已成为细胞工程的一颗明珠。与这颗明珠同样熠熠生辉的另一项细胞工程技术是动物胚胎分割。这一技术不仅能提高良种家禽家畜的繁殖系数，而且为创造遗传性完全相同的动物奠定了基础。胚胎分割技术的日趋完善，为畜牧业的变革和进步带来了曙光。

胚胎分割是动物细胞工程中的一项重要内容，这项技术是英国剑桥大学的威拉德森在1979年首次进行的。

当老鼠胚盘细胞核的移植得到成功以后，威拉德森想到了人工饲养的高等哺乳动物。哺乳动物的繁殖和鱼、蛙等不同，鱼、蛙的雌性一次能排很多卵，能同时得到比较多的胚盘细胞。但是哺乳动物的雌性一次只排少数几个卵甚至只有1~2个卵，要想采用去核卵细胞复制或核质杂交的方法提高优良品种的繁殖率都行不通。

于是威拉德森在哺乳动物的胚胎上打起了主意。由于一个受精卵在发育成胚胎时，要经历一个受精卵细胞分裂为两个、两个分裂为四个、四个分裂为八个……这样的过程，威拉德森想，既然动物细胞有全能性，那么将受精卵在发育为胚胎的过程中分裂出的细胞加以分割，再将分割的胚胎细胞分别加以培养，是否可以各自都发育出完整的新一代呢？

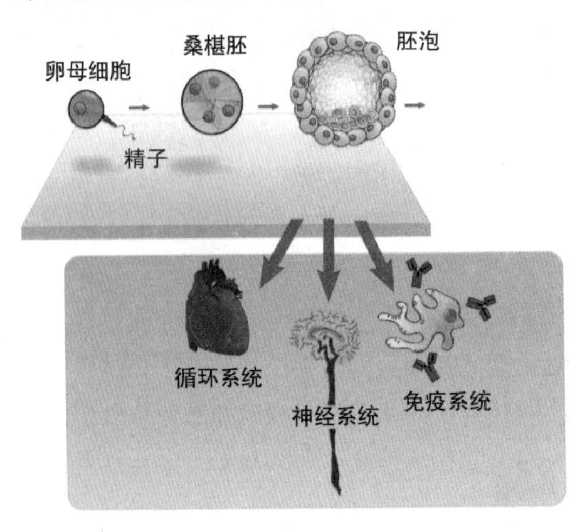

受精卵分化　图片作者：Mike Jones

威拉德森用绵羊的幼胚进行了实验。当绵羊的受精卵细胞从一变二、二变四到四变八时，他将这8个卵裂期的细胞分割成4份，每份包括2个细胞，然后将分割的细胞重新送到母羊的子宫里面发育，结果母羊产下了4只活泼的小羊羔——它证明威拉德森的设想是可行的，被分割的细胞发挥了它们的全能性，各自独立地发育成健康的小羊羔。

时至今日，英国科学家已经在绵羊、牛、马等大牲畜的胚胎分割研究中取得了卓有成效的成果。

我国学者也在1986年10月至11月进行了绵羊的胚胎分割试验，分割后的胚胎在1987年3月至4月先后由4只“寄母羊”产下5只小羊羔。

胚胎分割提高动物繁殖率的效果是显而易见的。例如，在正常情况下，一头良种奶牛，一生约产牛犊10头，如用胚胎分割并找别的奶牛（寄母）怀孕，那么从一头良种母奶牛就能得到几百头良种奶牛。

小资料

试管婴儿的最早消息是1978年发布的。第一例试管婴儿是英国妇科医生斯特普顿和剑桥大学爱德华兹教授出于对大车司机布朗夫妇婚后长期不能生育的同情而联手进行的杰作。经过细心检查，斯特普顿确诊其原因是由于布朗妻子的输卵管堵塞了。输卵管被堵塞，卵巢里排出的卵不能从输卵管输送到子宫里去，布朗妻子当然就不能怀孕了。斯特普顿分析，布朗妻子的卵巢是健康的，排出的卵细胞是成熟的，障碍只是发生在没有进入子宫的通道。如果将成熟的卵细胞取出来，让它在体外受精，成为受精卵再送到子宫里去发育，不就可以成功地孕育了吗？当然，这些技术和手术都是十分复杂的。她与剑桥大学爱德华兹教授合作，征得患者及其家属的同意，从布朗妻子的卵巢中取出成熟的卵细胞，放在特制的溶液中，并用布朗的精子进行体外受精。体外受精成功后，他们不断更换培养液。到受精后的第6天，受精卵已在体外分裂，发育成一个多细胞胚胎。斯特普顿医生就在此时将这个体外胚胎移放到布朗妻子的子宫内膜上，胚胎在嵌入子宫内膜得到母体营养后继续生长、发育。经过几个月的正常妊娠，布朗妻子终于在1978年7月26日产下一个女婴。由于形成胚胎的最初过程是在试管里进行和完成的，这个女孩就被称为世界上第一例试管婴儿。

试管婴儿在临床上能治疗女性不育。除试管婴儿本身的医疗效果外，试管婴儿的问世推动了试管动物的研究。英国科学家迪·斯特雷顿在试管婴儿问世后成功地把美国的试管猪胚胎移植到英国猪的子宫内膜上，使英国本地猪一次产下了8头美籍英国猪。我国内蒙古大学的旭日干教授和日本学者花田章合作，在1984年3月9日，使日本科学名城筑波的畜产试验场得到了世界首例试管山羊。

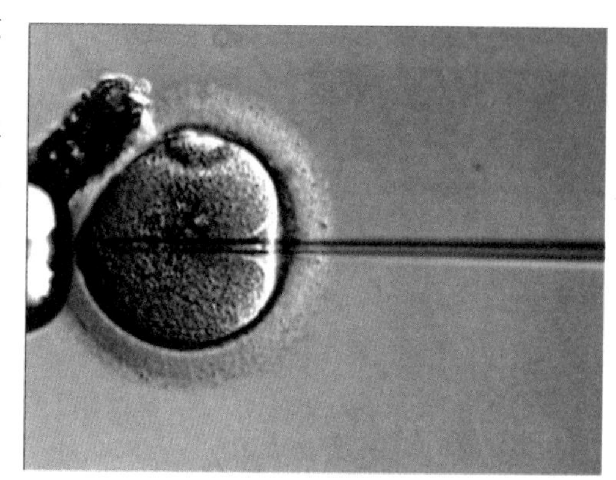
体外受精

随着试管动物的相继问世，“兔子运牛”、“兔子运羊”等新鲜事又接踵而来。什么叫“兔子运牛”、“兔子运羊”呢？原来，自试管婴儿和试管动物的研究取得成功后，对于像牛、羊等这样的大牲畜，都可以在试管中得到体外受精的受精卵。但是，如果要将这种从试管里得到的受精卵放在试管里，再运输到别的地方去寻找寄母代为怀孕，那可麻烦了。因为试管中含有各种成分的营养液是人工配制的，要使其完全具有在动物子宫中那样的温度和湿度等等条件，是不易做到的。于是人们想到最好能寄放在比较小的动物的输卵管里，请这些小动物代为照管，不是又安全又方便吗？这样，人们就想到了体形小、饲养容易、性格温和的兔子。人们将大牲畜牛、羊等体外受精的受精卵，先移植到兔子的输卵管中，作为“临时保姆”的兔子带着牛、羊的后代登上飞机漂洋过海比那些“亲生父母”带着它们要方便得多。

当“临时保姆”到达目的地后，立即从它们的输卵管中取出牛、羊等的幼胚，再帮这些幼小的生灵寻找合适的寄母。那些外来的幼体在寄母的照料下顺利地发育，长成幼体而分娩，然后还可以由寄母代劳将幼仔哺乳喂大。

世界各地良种牲畜的受精卵，拜托给小小的兔子乘飞机、坐轮船，漂洋过海运到需要的地方。像兔子这种“临时保姆”的输卵管，一次可以携带几个受精卵。“兔子运牛”就好像牛在免费旅行，十分奇妙！

在试管动物的热潮中，英国学者一马当先，他们的成绩使国际同行惊叹不已。在这种咄咄逼人的形势下，美国的科学家们也奋起直追，经过多年努力，他们在奶牛的试管受精和胚胎分割这两项技术的结合上取得了长足的进步。他们把试管受精形成的奶牛幼胚一分为四，然后把这些四分之一胚胎移植到寄母子宫中，最终由寄母产出 3 头外貌酷像的小牛（其中一个四分之一胚夭亡）。

试管动物的出现，将使畜牧业发生深刻的变化。以奶牛为例，优良奶牛和普通奶牛的产奶量相差十分悬殊，每头优良纯种奶牛可以日产牛奶 112 千克，普通奶牛日产牛奶仅为 40 千克，但这两种奶牛的饲料耗费却相差无几。正因为如此，奶牛场常需从外地、外国引进良种乳牛。可是，引用良种乳牛不仅耗资大，而且风险也不小。据粗略估计，从国外引进一头良种乳牛大约需 5 万元人民币，而一头良种乳牛一生最多只能繁殖 10 头小牛。更令人担心的是，良种乳牛在运输过程中易患病死亡。这些问题都严重阻碍了奶牛良种场的发展。自试管动物技术成熟后，育种工作者可以将试管奶牛“托付”给“临时保姆”（例如兔子）等照料，然后将“临时保姆”运送到目的地。另外，当育种工作者得到一头良种乳牛后，可在乳牛发情期的合适阶段，给发情乳牛注射一定量的孕牛血清，促使乳牛超数排卵，即发情乳牛一次可排出几颗、十几颗甚至几十颗的成熟卵，这些卵可用良种公牛的精子进行体外受精，然后再将受精卵或幼胚移植到普通母牛的子宫内，这些良种胚胎就能在寄母体内发育、成长直至分娩。根据正式报道，用超数排卵和试管受精技术能使一头良种乳牛一年就繁育 40 头仔牛，而在过去一头良种母牛一年也就产一头小牛犊。过去，建立一个优良的牛群往往要耗费一个人的毕生精力，而现在只要几年就可以完成了。

生物导弹的成功是细胞工程为人类作出的杰出贡献。早在 20 世纪 30 年代，从事动物组织培养的科学家就发现，培养的动物细胞一旦感染上某种病毒之后，该种细胞就会产生一种物质干扰其他病毒再度感染，这种物质由此得名干扰素。干扰素具有种族特异性，如鸡细胞产生的干扰素不能干扰病毒感染鸭细胞，如果想得到能干扰病毒感染人体细胞的干扰素，就需用人的细胞制备。但人的白细胞资源并不充足，要想靠白细胞生产干扰素而用于临床，实难办到。那么，能否人工培养白细胞呢？此路也不通，因为白细胞在人工培养条件下不能分裂增殖。所以，通过细胞培养生产人干扰素的努力失败了。但是，失败经常孕育着成功，培养白细胞生产人干扰素的失败却换来了生物导弹的诞生。

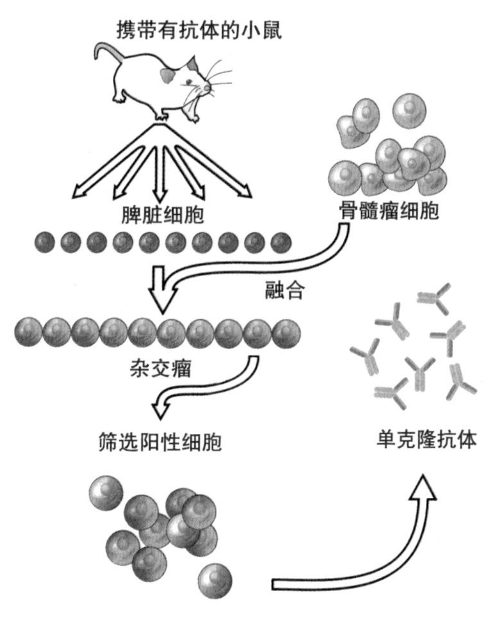

单克隆抗体 图片作者：Adenosine

生物导弹真正的名字称为单克隆抗体，克隆是英文clone的译音。一个细胞经过连续分裂，一变二、二变四……由少到多，成了一群，这起源于一个细胞的细胞群就称为克隆，或者称为无性繁殖系。

把单克隆抗体比作生物导弹的确名副其实，因为这种抗体真像那些长着“眼睛”的定向导弹一样，进入人体后能直奔目标——癌细胞，而且还能像带有核弹头的导弹一样带上“核武器”——放射性同位素或抗癌药物，进入人体后能不偏不倚地直奔癌细胞，将其杀死。

小资料

单克隆抗体何以有如此神奇的功能呢？现代免疫学认为，一种抗体是由一种B细胞产生的，人体内大约有1亿种不同的B细胞。也就是说，人体内可以产生1亿种不同的抗体。为此，医学家千方百计地培养多种人的癌细胞，当把人体的癌细胞移植到老鼠身上，使老鼠长癌，那么老鼠体内就产生了专门对付该种癌细胞的B细胞抗体。如果能把这种产生某种抗体的B细胞体外培养成功，那么在培养基中就会随着B细胞的繁殖而得到愈来愈多的抗体。可是，B细胞在体外的寿命实在太短了，因此体外培养B细胞也是死路一条。1975年，具有英国和阿根廷双重国籍的著名免疫学家米尔斯坦和他的同事科勒尔在英国剑桥大学分子实验室内，巧妙地把B细胞和一种能在体外无限生长的骨髓瘤细胞合并成一个细胞，这个“混血儿”在体外培养时既能无限生长，又能产生B细胞抗体。实践证明，这种“混血儿”的杂交瘤细胞在体外培养，也不能无限增多：因此，体外培养杂交瘤产生的单克隆抗体数量也是有限的，但当杂交瘤的细胞注射进老鼠的腹腔后，它就能无限繁殖，产生一批批生物导弹——单克隆抗体，并被源源不断地运到“抗癌战场”，向着癌细胞开大。

时至今日，细胞工程虽然已经取得了很大的成绩，但客观地说，这门年轻的工程学还处在“今天的热门学科、明天的技术、后天的产业”阶段，要克服的障碍还不少，还有诸如细胞培养的规律、次生代谢物的途径等等许多未知领域需要开拓。但是，在细胞工程的设计师、工程师等全面配合和协作攻关的大好形势下，大规模的细胞工程时代将离我们越来越近。

四、传统生物工程

引子：

微生物工程或发酵工程以及酶工程有着悠久的历史，因此被称作传统生物工程。

现在的微生物工程是采用现代工程技术手段，利用微生物的某些生理功能，为人类生产有用产品的技术，而酶工程是在一定的生物反应器中，利用酶的特异催化功能，快速、高效地将相应原料转化为有用物质的技术体系。

微生物家族

神奇的“小人国”

早在17世纪以前，人类所知的最小生物是微小的昆虫。世界各地的所有民族都以不同的方式相信鬼神或超自然的东西能使活的生物隐去其身而成为“隐身生物”。可谁能料到，在自然界中真会有小到看不见的生物存在呢?

要是有人早就想到有看不见的生物存在，那么放大装置的应用或许会更早出现。古希腊人和罗马人早已知道，某种形状的玻璃制品可以把阳光聚焦到一点上，还能把透过玻璃制品看到的物体放大。例如，一个装满水的空心玻璃球就有这种作用。托勒玫曾讨论过凸透镜的光学作用，大约在公元1 000年，阿拉伯作家阿尔海桑等又将托勒玫的观察范围扩大了。

在13世纪，英国的一位主教格罗斯泰斯特最先提出了放大装置的应用。格罗斯泰斯特的学生培根根据他的建议，设计并制造出能增进视力的眼镜。

最初，只制造出矫正远视的凸透镜，到了公元1 400年左右，才设计制造出矫正近视的凹透镜。印刷术发明以后，对眼镜的需求日益增加，到16世纪，制造眼镜的手艺在荷兰成了一种特别的行业。

据说在1608年，荷兰一位眼镜制造者李珀希取两片镜片一前一后地观察各种物体消遣时，惊讶地发现，当两片镜片相隔一定距离时，远处的物体犹如近在眼前。李珀希在一根管子里装上相隔一定距离的两片透镜，这大概就是人类历史上第一架望远镜。

在第一架望远镜问世后半年，伽利略也亲手制作了一台望远镜。当他把望远镜里的透镜另作安排后，就能把近处的物体放大，实际上望远镜变成了一台显微镜。在以后的几十年里，许多科学家都自行制造显微镜，并开始用显微镜来观察眼睛看不到的生物体——马尔丕基发现了毛细血管、胡克发现了软木细胞。

荷兰的一位市政府看门老人列文·虎克，用自己磨制的能放大200倍的显微镜观察各种物体，并把观察结果作了详细记录。1675年，他在不流动的污水中第一次看到了肉眼看不到的“微小动物”，他也看到了酵母的细胞，并在1676年找到了病原菌，即现在所说的细菌。

显微镜的改进非常缓慢，大约经过了一个半世纪，观察细菌那么大小的物体才开始比较容易。1830年，英国的眼镜商李斯特设计并制造了一种消色差显微镜，这种显微镜能消除使影像模糊的色环。1878年，德国物理学家阿贝对显微镜作了一系列的改进，终于制成可以称得上现代化的光学显微镜。

列文·虎克

显微镜下的生物家族中，各个成员慢慢地都有了自己的专用名字。列文·虎克发现的微小动物被称为原生动物（希腊文为“最早的动物”），德国的动物学家西博尔德确认原生动物是一种单细胞生物。

列文·虎克看到原生动物后，惊异万分，激动不已。他先后制作了400多台显微镜，对这个奇妙的“小人国”进行了广泛而细致地观察，并详细记录了他的发现。就这样，列文·虎克成为用显微镜观察到微生物的第一人，并从而登上了科学殿堂。

小资料

别看微生物的个子很小，它们也是形形色色、各种各样的。按照形态结构、生理特性、亲缘关系等的不同，微生物一般可以分为细菌、放线菌、立克次体、螺旋体、支原体、类菌质体、衣原体、蓝藻、病毒、类病毒以及真菌等好几类，其中以细菌、放线菌、病毒和真菌的名气最大。

细菌的整个身体就是一个细胞，直径为0.1微米到几微米（1微米 $=10^{-6}$ 米）。它们成员众多，长相各异，圆球状的叫球菌，棍棒状的叫杆菌，弯腰弓背的叫弧菌……

放线菌长着很多菌丝，纵横分枝，纤细如丝，活像一团丝线，大都生活在土壤里。泥土往往会散发出一种特殊的泥腥味，那就是放线菌散发出来的。

螺旋体体形细长、柔软，弯曲盘旋，活像个稀松的弹簧，运动起来很是活泼，

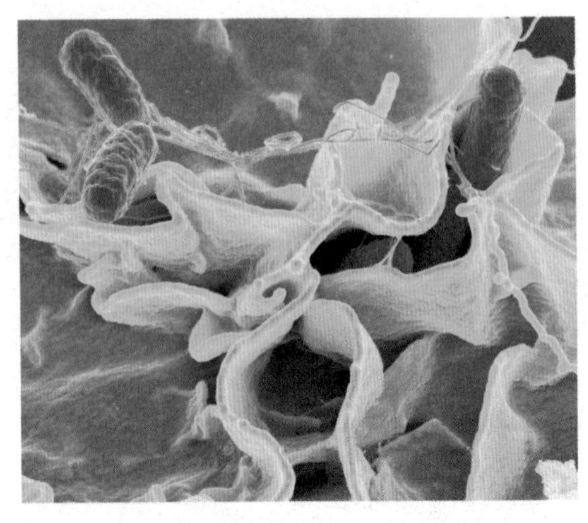

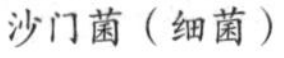

沙门菌（细菌）

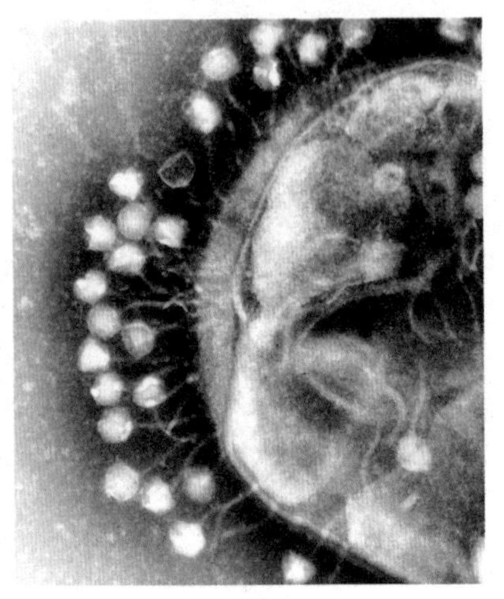

噬菌体（病毒）包围大肠埃希菌

所以得了这个大名。

微生物家族里的小个子称为病毒，构造非常简单，连个完整的细胞也没有，除了一个由核酸构成的“芯子”，就只剩一层蛋白质的外壳。病毒的大小只有细菌的1/1 000，最大的直径不过200~300纳米（1纳米=10^{-9}米），小的只有10~20纳米，要用电子显微镜放大几万倍后才能看得见。病毒不能独立生活，只能寄生在其他生物的活细胞里才能生长繁殖。有一类病毒专门寄生在细菌和放线菌体内，钻在菌体里过日子，而且对象专一，我们称它为噬菌体。

立克次体、支原体、类菌质体和衣原体等都是介于细菌和病毒之间的微生物，形态结构一般类似细菌，但比细菌要小。它们的个子比病毒要大，但同病毒一样，天生只吃现成饭。

霉菌　图片作者：Anna（sapphyre）

20世纪70年代，科学家发现了一种比病毒还小得多的微生物，结构比病毒更简单，仅有一个核酸分子，没有蛋白质的外壳，称为类病毒，是迄今为止人们发现的最微小的生命。

再来说说真菌。真菌家族的成员最多，估计有10多万种，形状、大小很不一样。大型真菌有几十厘米长，已不能称它们为微生物；小的真菌要用显微镜才能看见，这种属于微生物的真菌，通常是指酵母菌和真菌。

酵母菌顾名思义是“发酵之母”，从古至今，人们都用它来发酵酿酒，或做馒头、面包。酵母的个体类似细菌，但比一般细菌大得多。真菌也称为丝菌，凡是能够长出绒毛状、蜘蛛网状或絮状菌丝体的菌体都叫真菌。真菌在自然界分布广、种类多，是自然界数量最多的一种微生物。

没有想到吧，形形色色的微生物，加在一起估计有几十种，称得上是一个“人丁兴旺”的大家族哩！

在自然界里，不论天涯海角，到处都有微生物的“家”。即使是在 12 000 米的高空、6 000 米的深海或是 2 000 米的地下，也能找到这些“小人国公民”的足迹。

土壤是微生物的“大本营”，那里有着最适宜微生物生长繁殖的环境——养分、水分、空气和热量，营养充足，条件适宜。

生活在土壤中的熙熙攘攘的微生物“居民”中，细菌的数量最多，其次是放线菌和真菌，另外还有少量的藻类和原生动物。1 克耕作层土壤中就含有几亿个细菌，约合 1 毫克。也就是说，如果 1 亩（1 亩 =666.7 平方米）土壤的耕作层有 30 万千克，那么其中就有 300 千克是细菌。就连荒无人烟的沙漠，也照样是许多微生物安居的乐土。

江、河、湖、海等水体，乃至下水道的水中都有很多微生物，就连 0℃以下的冰川和 90℃以上的温泉也不例外。可以说，有水就有微生物。

大气里虽然缺乏微生物生长所需要的营养物质和水分，但是其中仍然到处飘浮着相当数量的“小生命”，特别在尘埃弥漫、空气混浊的公共场所，微生物的数量更多。

除了土壤、水体和大气，人和动植物的体表、体内也有无数的“小不点儿”在活动。它们的个体极小，但是数量极多，尤其在人体的肠道内，生活着上百种细菌，数量超过百万亿，重量达到 1.5 千克。我们吃饭的同时也是在喂养它们，我们吃到肚子里去的营养大约有 1/3 被它们享用了。当然，这些微生物中的绝大多数是有益无害的，它们给人体奉献了许多不可缺少的东西，包括硫胺素、核黄素和其他多种维生素、氨基酸等。它们是人体的终身伴侣，直到人体生命的终结。

同样，各种动物的体表和体内也有很多微生物，尤其牛、羊和骆驼等反刍动物更与微生物建立了不可分割的共生关系。为什么反刍动物以草为主食，甚至光吃纤维素也能很好地生活？原因就在于它们的胃里生存着大量能够很好地分解纤维素的微生物。牛、羊等吃草给微生物提供了丰富的营养物质并创造了良好的生存环境，反过来，微生物也帮助反刍动物消化了草料，甚至奉献出自己的菌体。

再来看看植物。虽然植物体表、体内的微生物不是很多，但是每一株植物的根系周围都聚集着大量的微生物。一方面，植物根部不断地向土壤分泌多种物质，为微生物的生活提供养分；另一方面，这些根系微生物又努力分解有机物供植物吸收利用，促进植物生长，并提高它们的抗病能力。植物根系周围微生物的数量，通常要比根系以外多出几倍到几十倍。

到处都有人眼看不见的微生物在活动，它们的生存空间远比动物、植物广阔，这主要是因为它们有着惊人的繁殖速度和强大的适应能力。

细菌在生长过程中，不断地从外界吸收营养物质，体积逐渐增大，而当体积增大到一定程度时，它就开始分裂，形成两个基本相似的菌体，这个过程称为繁殖。

细菌生长、繁殖速度之快，令人瞠目结舌。拿大肠埃希菌来说，如果条件适宜，大约每隔 20 分钟便分裂一次，不到 2 小时就“四世同堂”，一昼夜可繁殖 72 代，得后代 4.7×10^{21} 个，总重量为 470 吨。用不了几天，它的子孙后代聚集在一起就会有一个地球那么大！

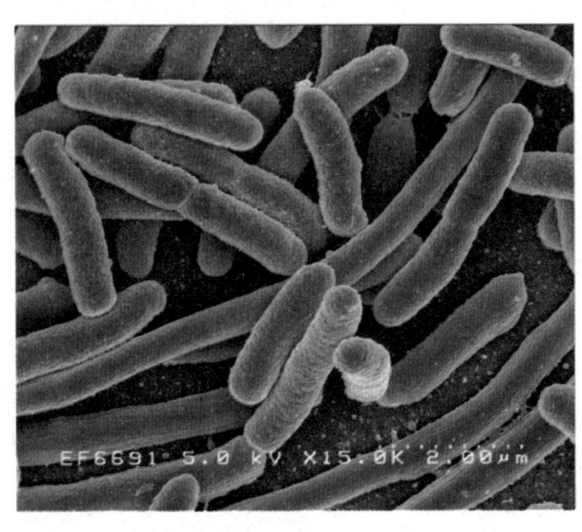

大肠埃希菌繁殖速度非常快

微生物的适应能力也异常惊人，除了耐碱、耐酸、抗寒和抗辐射，还有耐盐、耐高压和耐高温的本领。有一种非常耐盐的微生物，可以在饱和的盐水中生存。不久前发现一种耐高压细菌，能在 600 个标准大气压（1 标准大气压 =101.3 千帕）甚至更高的压强下生存。在太平洋加拉帕戈斯群岛外的一个海底火山口上，科学家们找到了一种能在 300℃的高温环境中“安居乐业”的“小人国公民”。

微生物的功与过

一提起微生物，有的少年读者可能会感到害怕，心想，这些害人的“小坏蛋”，还是离我们远一点好，越远越好！

的确，有些微生物对人类是有害的。在我们的日常生活中，微生物的危害处处可见：各种粮食以及鱼、肉、蛋和蔬菜等食品，由于微生物的生长繁殖，很容易霉烂变质；某些工业材料和工业制品，诸如衣物、木材、皮革、玻璃、金属和仪表等，都会因微生物的活动而失去使用价值……

最大的问题是某些致病微生物会对人类的健康和生命构成严重威胁。感冒、肺炎、结核、脑膜炎、白喉、痢疾、伤寒、霍乱和鼠疫等一类的传染病，都是细菌、病毒等一类微生物捣的鬼。14 世纪，欧洲曾流行过一次大瘟疫，大约夺走了 1/4 欧洲人的生命，罪魁祸首就是鼠疫杆菌。

致病性微生物也会使动物、植物得病，从而给畜牧业和种植业带来巨大损失。例如，在 1845 年，爱尔兰的马铃薯普遍染上病原菌，这场马铃薯晚疫病使马铃薯严重减产，使成千上万的爱尔兰人远走他乡，在爱尔兰的广大土地上留下了千万具饿殍（piao）。

其实，微生物家族中成员众多，良莠混杂。通常人们的注意力都集中在那些致病的有害菌上，然而，有害的微生物只是“一小撮”。据估计，如果有 1 个有害微生物，就会有 30 000 个微生物对人无害，而且是人类必需的有用菌。如果按照菌种计算，那么在已经知道的 1 400 种细菌中，只有 150 种会使人类或栽培植物、饲养动物致病。

请不要忘了这样的事实：无论何时何地，都有数不尽的有机体死亡，死亡的生物中，约有不到 10% 的落叶及 1% 以下的死树被动物吃掉，剩余部分就成为真

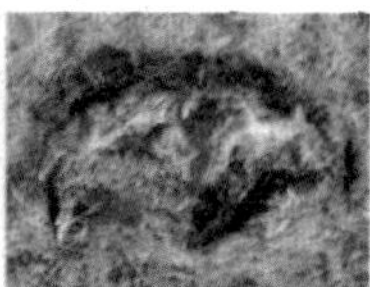
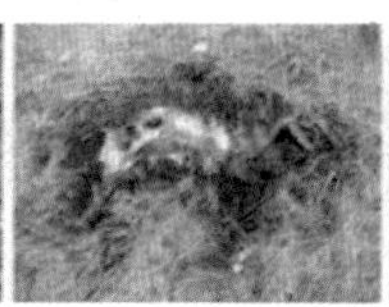
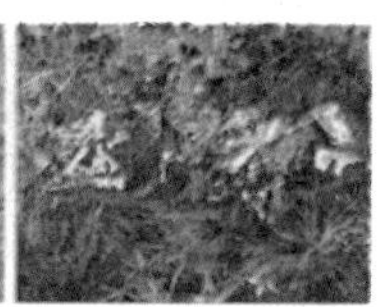

动物尸体被微生物分解　图片作者：Hbreton19

菌或细菌的食物。如果没有这些真菌和细菌，特别是人们常说的腐生细菌，那么那些动物不能消化的物质会不断堆积，长此以往，地球就可能被死去的动植物的尸体所堆满，人和其他生物体就会失去自己的生存空间。

多细胞动物不易消化纤维素，即使像牛和白蚁这些专以富含纤维素的草木为食物的动物，也只能靠生活在消化道内的无数细菌才能将纤维素分解。

所有植物都需要氮，因为氮是制造氨基酸和蛋白质的原料。在自然界中，分子态氮占大气的4/5，是构成大气的最主要成分。每平方米面积上空的空气中，约含8 000吨分子态氮，绝大多数植物不能利用这些游离的分子态氮，而只能利用无机氮化物。但是，无机氮化物的数量极少，约占有机含氮物的1%。对于大量的有机含氮物，植物也无法利用。怎样把游离的氮分子、有机含氮物变成植物可以利用的营养物质呢?

关键又是微生物，它们的名字叫固氮菌，这种细菌能将大气中的氮转变为植物能利用的氨。

含氮有机物种类很多，主要有蛋白质、核酸、尿素和几丁质等，大多数土壤细菌、真菌和放线菌能使这些含氮有机物分解成氨，这种作用称为氨化作用。土壤中的亚硝酸细菌和硝酸细菌又能将氨氧化成亚硝酸和硝酸,这种作用称为硝化作用。由于氨化作用和硝化作用的相辅相成，才使植物能够利用有机物中的氮素。

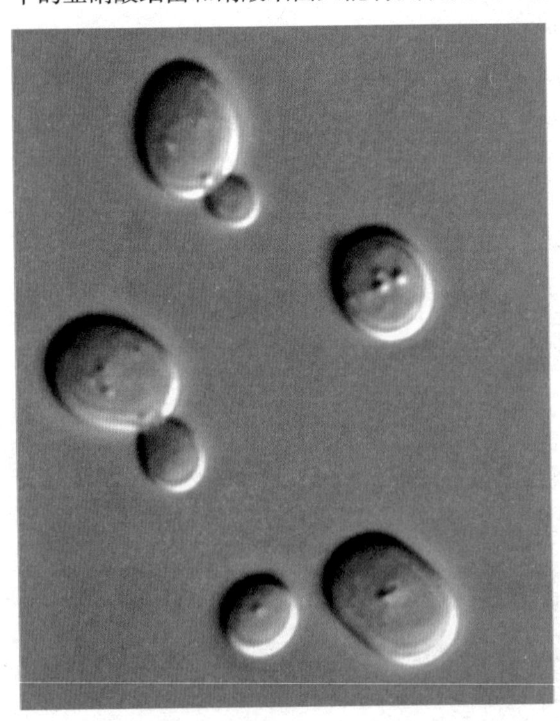

酿酒酵母

实际上，在史前时期人类就已在利用各种不同的微生物了。我国古代劳动人民，早在4 000多年前就从实践中发现了发酵现象。所谓发酵就是在有氧或无氧条件下，通过微生物的作用，使有机物分解，产生气泡（CO_2）和生成具有经济价值的产品。据考证，用谷物酿酒在我国大概始于新石器时代。在山东龙山文化晚期的考古过程中，就发现有陶尊等饮酒器具。古书记载：“仪狄作酒，禹饮而甘之。”殷商时代已盛行饮酒之风，《史记·殷本记》有“酒池肉林”的记载。

面包和啤酒都是发酵食品

用曲造酒实际上是糖化和酒化统一的过程，是一项重大的发明。曲是培养酵母和真菌等微生物的谷物。曲的发明和制曲技术的不断改进，是我国制酒工业上的一项伟大成就，也是对世界制酒技术的重大贡献。曲的发明不但改进了制酒方法，而且在医学和发酵食品方面也有十分重要的作用。公元前500多年时的《左传》就有用麦曲治病的记载，到公元5世纪，北魏贾思勰著的《齐民要术》中就详细地记载了制曲和酿酒的技术。我们的祖先既不知道酒是经过酵母发酵而成的，也不知道微生物的存在，但却能利用微生物的作用，制成酒、酱、醋和豆豉等发酵食品。马王堆一号和三号汉墓的发掘，为此提供了有力的物证。

腐乳、甜酱和酱油是中华民族创造的特产食品，这些发酵食品富于营养，美味可口，易于消化吸收，而且便于贮存、运输。我们祖先的这些伟大创造，代代相传，并不断得到改进和提高，这些都是我们中华民族灿烂文化中的光辉一页。

“民以食为天”，保证人类吃饱肚子是头等大事。俗话说：“人是铁，饭是钢，一顿不吃饿得慌，三顿无着见阎王。”人的食物和动物的饲料，主要成分实际上是蛋白质。蛋白质是生命活动的基础，一切有生命的地方都有蛋白质，一个成年人一昼夜大约需要100克蛋白质。20世纪初的第一次世界大战期间，德国粮食奇缺，政府下令研究开发新的食物蛋白资源。当时的德国掀起了培养酵母菌的热潮，因为酵母菌的蛋白质含量高达70%以上。由于微生物的结构简单，大多数微生物都是单细胞生物，所以在1967年召开的第一次国际性会议上决定，把微生物生产的供人类食用的蛋白质和用作牲畜饲料的蛋白质统称为单细胞蛋白。单细胞蛋白是微生物为人类提供的新礼物，必将为解决世界粮食危机发挥重要作用。

微生物中的双歧杆菌或双尾菌、双叉菌，是因这种菌呈“丫”形状而得名的。1899年，法国医生提舍发现，母乳喂养的健壮婴儿与虚弱的婴儿相比，肠道内的双歧杆菌数量明显增多。以后的研究进一步证实，双歧杆菌含量的多少与人体生长、新陈代谢、生老病死息息相关，因为双歧杆菌能合成大量维生素，产生乳酸和醋酸并形成肠道内一道抵御病菌侵扰的防线，可激活巨噬细胞吞噬有害菌，能分解人体内的致癌物质而具有抗癌作用。人体内双歧杆菌少了，有害细菌就会乘虚而入，导致婴幼儿营养不良，身体和智力发育迟缓，成年人易发生癌变、肠功能紊乱、肝功能失调、肾功能减退。

小资料

抗生素是英国细菌学家弗莱明发现的。一天早上，他走到工作台前去检查自己培养的葡萄球菌时，看到培养皿中的葡萄球菌已被某种污染物质杀死了，在被杀死的葡萄球菌区域内，留下了一些小空圈。对防腐剂很感兴趣的弗莱明（他曾在眼泪中发现一种具有杀菌力的酶——溶菌酶）立刻研究是什么物质杀死了细菌。他最终发现，“凶手”原来是一种普通的面包霉——青霉菌。这种青霉菌能产生一种杀死葡萄球菌的物质，他把这种物质称为青霉素。1929年，弗莱明如实地报道了他的结果，可是在当时并没有引起医学界的特别注意。

10年以后，英国生物化学家弗洛里和他的一位德国同事钱恩对弗莱明的这项发现产生了兴趣，并从事分离这种抗菌物质的工作。到1941年，他们提取出一种物质，临床证明，这种提取物对许多革兰阳性菌十分有效（革兰阳性菌是指能被1884年丹麦细菌学家革兰所发明的一种染色剂染上颜色的细菌）。

由于战时的英国不能生产这种药品，弗洛里就去美国帮助制订规划，发展纯化青霉素的方法。1943年，用青霉素治疗的病例就有500例。特别是在第二次世界大战后期，青霉素挽救了许多在战争中受到创伤而感染发炎的士兵的生命，保全了他们有可能因化脓坏死而须截去的肢体。因此声誉大增。到第二次世界大战结束时，青霉素不仅大量取代了磺胺药剂，而且在整个应用医学上成为最重要的药物之一。青霉素对许多传染病都有效，其中包括肺炎、淋病、梅毒、产褥热、猩红热以及脑膜炎等能给人带来致命威胁的疾病。在实际应用中，除个别人有过敏反应外，它几乎无毒性及副作用。

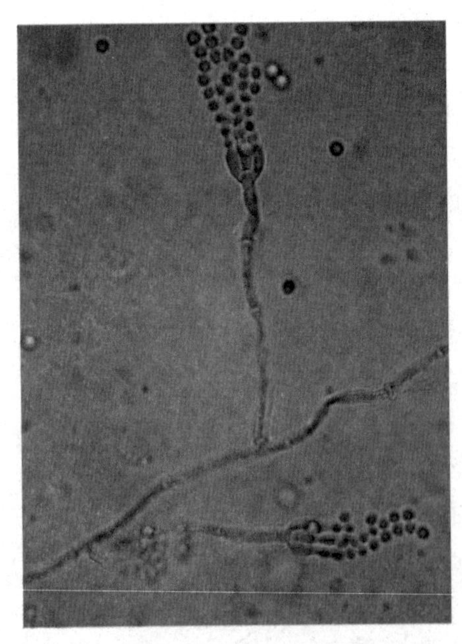
青霉菌　图片作者：Dr. Sahay

1945年，弗莱明、弗洛里和钱恩共同获得了诺贝尔医学或生理学奖。

青霉素的功效掀起了人们精心寻找其他抗生素的热潮。1943 年，美国拉特格斯大学的细菌学家瓦克斯曼从土壤里的一种真菌——链丝菌中分离出一种抗生素，称为链霉素。链霉素能消灭革兰阴性菌（不易被革兰染色剂染上颜色的细菌），其最大功绩是抵抗结核杆菌；但链霉素具有毒性，必须小心使用。

瓦克斯曼本人由于发现链霉素的功绩，获得了 1952 年诺贝尔医学或生理学奖。

1947 年，从链丝菌里分离出另一种抗生素——氯霉素。氯霉素不仅能消灭革兰阳性和阴性菌，而且还能杀死较小的生物，特别是那些引起斑疹伤寒及鹦鹉热的小生物。但氯霉素也具毒性，使用也必须小心。

微生物还可以产生人类需要的酶，利用微生物制成的菌苗、疫苗能增强人的抗病能力。

利用微生物的技术

庞大的微生物家族中，真是良莠共存、鱼目混珠，如何去劣留良，如何把混杂在鱼目中的珠子挑选出来，这必须有一整套完整的技术。

要成功地利用微生物，首先要建立无菌技术。所谓无菌技术，就是用物理和化学方法处理物体，使其不带任何微生物。根据物体达到无菌要求的程度，无菌技术通常可分为以下四种：①灭菌，就是彻底地消灭物体内外的一切微生物。②消毒，即消除物体表面或内部的部分致病微生物。③防腐，就是完全抑制物体内外的一切微生物的生命活动。但是，防腐作用一旦消除，原有的微生物仍可活动。④化疗，就是利用化学药剂对微生物及其宿主间的选择毒力的差别来抑制或杀死宿主体内的微生物，从而防治寄生虫传染病。

无菌技术在古代早就有之。我国明代李时珍指出患者穿过的衣服要蒸煮过才能再穿，以防传染。当时，李时珍还不知道疾病传染是由微生物引起的。

在国外，最早在食物保藏中应用无菌技术。19 世纪初，一位叫阿贝特的法国厨师偶然煮沸了一瓶密封的果汁，在搁置好长时间后，他发现果汁没有变质。于是人们就用煮沸的办法来灭菌，因此罐头食品应运而生。1811 年，阿贝特的这一发明在拿破仑军队中得到应用，大批罐头食品问世。随着蒸汽灭菌技术的应用，罐头食品得以迅速推广。

巴斯德

不过，在灭菌技术和原理方面作出重大贡献的，当推微生物学奠基人、法国的巴斯德。他发明了用 55~60℃的温度处理葡萄酒以延长酒的保藏期的方法，后人把这方法称为巴斯德消毒法。1877 年，英国人丁达尔根据细菌芽孢萌发后会失去抗热性的原理发明间歇灭菌法。1881 年，德国乡村医生科赫发明流动蒸汽灭菌法。

无菌技术，尤其是加压蒸汽灭菌技术，对推动微生物学的研究有重大作用，使培养纯种微生物并进行一系列深入的观察研究成为可能。无菌技术跟人类的经济活动和日常生活息息相关。例如，在粮食、水果的保存中应用无菌技术，可以大大减少这些物品的损失。

无菌技术在增强人类健康和使人类免遭传染病害方面也有极大的作用。例如，生产大家熟悉的抗生素，必须要杀灭杂种，获得纯种。

无菌技术多种多样。最常用的是高温灭菌，尤其是加压蒸汽灭菌法已在微生物学实验室、医疗保健机构和发酵工厂等部门广泛采用。紫外线和电离辐射（X射线、γ 射线等）都有强烈的杀菌作用，应用范围也日趋扩大。对空气和液体进行灭菌，一般采用纱布、棉花球和超细纤维纸过滤等，优点是不会破坏被滤物的风味和成分，缺点是无法除尽比细菌更小的病毒和噬菌体。此外，还有化学药剂灭菌。

为了揭开在自然条件下杂居混生的各种微生物的秘密，了解某一微生物的特点，必须把它们一一分离出来，这就是纯种分离技术。因为微生物很小，没有巧妙的方法休想把它们分离开来。第一个获得成功的人是李斯特。1878 年，他利用自己设计的螺旋状的微量注射器，把极微量的稀释 100 万倍的酸牛奶，移接到 5 只盛有灭菌牛奶的杯子里，使每只杯子里只获得一个细菌。他用这种方法终于分离出引起牛奶发酸的乳酸链球菌纯种。

不过，纯种分离技术的真正突破是在应用固体培养基以后。1872 年，施罗脱创造了用马铃薯块、淀粉糊等固体培养基分离细菌纯种的方法。1881 年，科赫找到一种能立即灭菌而又透明的固体培养基材料——营养明胶。科赫把加热的营养明胶倒在经过灭菌的载玻片上，随即用接种针作划线接种，再放在钟罩内培养，以防杂菌污染，待出现菌落后再一一转移到试管斜面上，这就很容易分离出细菌的纯种。因为营养明胶在 37℃以上会融化，科赫的助手海斯的夫人建议用琼脂代替明胶来配制固体培养基，并且获得成功。科赫的另一名助手彼得立发明用玻璃双重皿代替原来的玻璃平板，这样操作既方便，又可防止污染，分离细菌纯种的技术就基本完善了。细菌纯种分离技术的建立，开创了寻找各种病原微生物的黄金时代，使许多病原菌一一被发现。

纯种培养技术在微生物的应用和研究中颇为重要，没有纯种培养技术，就无法深入研究微生物的营养、代谢、生长和繁殖，当然也就谈不上在工农业生产中应用微生物。微生物学家只有充分了解某一微生物，才能设计出最有利于微生物生长和代谢活动的培养技术和装置，这也是发酵工程的重要部件。

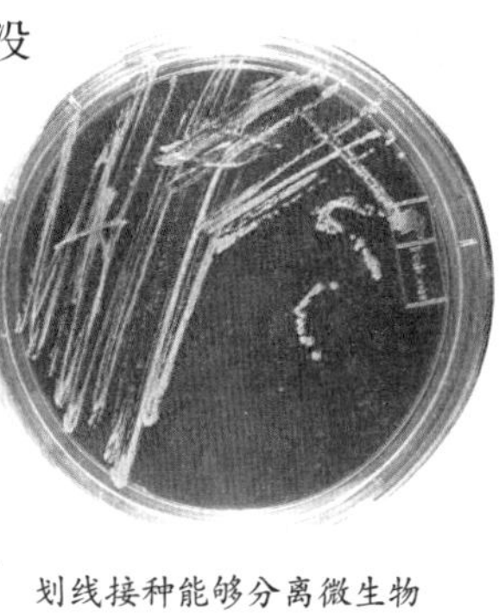

微生物纯种培养技术，就是指在人工控制下培养微生物某一纯种的技术。在自然界生存的各种微生物，对

划线接种能够分离微生物

环境条件（温度、酸碱度、湿度、光照以及营养物质）的要求是不一样的，当把它们分离出来之后，需要反复试验、筛选，分别找出它们生活的最佳温度、最佳湿度和最佳 pH 值等，然后才能进行继代培养。

在发酵工程中，具有革命性的培养技术是大规模液体深层培养（在大容积的液体培养基中，通入无菌空气，不断搅拌，使微生物充分接触氧气，大量繁殖，并积累大量代谢产物的发酵方法）装置的发明，发酵罐造得越来越大。如英国帝国化学公司用于生产甲醇的单细胞蛋白发酵罐有 1 500 立方米，是世界上最大的发酵罐，它高 60 米，远远望去，蔚为壮观。

利用微生物时先要培养微生物，这就必须向微生物提供各种营养物。这种人工配制的适合微生物生长繁殖或积累代谢产物的营养基质，称为培养基。

各种微生物对营养物的要求不同，或者由于科学研究的目的和生产需要不同，培养基种类千变万化。粗略统计一下，目前用的培养基有几千种。

根据培养基组成物质的化学成分是否完全清楚，可把培养基分为天然培养基、合成培养基和半合成培养基。

天然培养基利用各种动植物或微生物为原料，其中成分难以确定。例如，培养细菌常用的肉汤蛋白胨培养基，主要原料是牛肉膏、麦芽汁、蛋白胨、酵母膏、玉米粉、麸皮、各种饼粉、马铃薯、牛奶和血清等。用这些物质配成的培养基，不知道它们确切的化学成分。天然培养基营养比较丰富，非常适合微生物生长，而且来源广泛，配制方便，所以比较常用。

利用液体培养基和固体培养基培养的微生物
图片作者：Retama

合成培养基是化学成分明确的培养基，它用已知化学成分的化学药品配制而成，如培养细菌用的葡萄糖铵盐培养基。这类培养基价格较高，一般只用于科研，如进行营养、代谢研究。

半合成培养基就是在合成培养基中加入一种或几种天然成分，或者在天然培养基中加入一种或几种已知成分的化学药品，如马铃薯蔗糖培养基。琼脂中有较多的化学成分不清楚，因此在合成培养基中加入琼脂，也是半合成培养基。

根据物理状态的不同，培养基还可分为液体培养基、固体培养基和半固体培养基。

培养基呈液态，大部分成分都能溶于水，看不出有明显的固形物的称为液体培养基。液体培养基的营养成分分布均匀，适用于做细致的生理代谢等基础理论的实验研究，尤其适合于现代化大规模的发酵生产。

在液体培养基中加入适量的凝固剂，即成固体培养基。常用作凝固剂的物质有琼脂、明胶和硅胶等，其中以琼脂比较理想，用得最多。固体培养基用得相当广泛，如用于微生物的分离、鉴定、检验杂菌、计数、保藏和生物测定等。

把少量的凝固剂加到液体培养基中，就制成半固体培养基。有时可用这种培养基来保藏菌种。

根据用于生产的目的不同，培养基又可分为种子培养基和发酵培养基。

种子培养基是为保证发酵工业获得大量优质菌种而设计的培养基。由于需要不断提供大量的优质菌种，所以种子培养基的营养物质比较丰富，氮的含量较高，有时还要加入使菌种适应发酵条件的基本物质。

发酵培养基是为使生产的菌种能够大量生长并能积累大量代谢产物而设计的培养基。发酵培养基需要注入庞大的发酵罐内，它的用量大，因此要求原料来源广泛，成本低廉。这种培养基的成分不必十分精确，但碳的含量要大。例如，用于柠檬酸发酵的培养基，只用山芋粉作原料，浓度高达 22%，产柠檬酸在 14% 左右。

不论哪一种培养基的配制，都必须遵循“投其所好”的原则。微生物种类繁多，营养要求千差万别，仅几种培养基不可能完全适合这么多微生物的需求，这就要根据不同微生物对营养的要求进行不同的设计。

除了考虑不同的营养要求外，还要明确培养基是供实验用还是供大规模生产用，是为了获得菌体还是为了积累代谢产物，是为异养菌设计还是为自养菌设计。只有明确了这些目的、要求，才能决定我们需要设计、配制什么样的培养基。在设计、配制培养基时，还要创造一个良好的物理化学环境，如适宜的 pH 值、渗透压等。

从经济效益看，在设计培养基，尤其是设计大规模生产用的培养基时，降低成本是不可忽视的。在保证微生物生长和积累代谢产物的条件下，寻找廉价易得的原料十分重要。在这里，必须提倡以粗代精、以次代好和以简代繁的准则。过去用纯淀粉生产柠檬酸，现在改用山芋粉，由于成本大大降低，取得了很高的经济效益。

任何一个理想的培养基配方，都需要经过试验、反复比较后才能选出来，一般总是从多选少、从少选优，找到一种能提高产量、降低成本、简化工艺、便于操作的培养基配方。

发酵工程的兴起

发酵工程也称为微生物工程，这项工程是微生物本身的发酵作用与现代的生物反应器技术相结合的产物。这项工程包括选育菌种、菌体生产和代谢产物的发酵生产以及微生物对某些化学物质的改造、有毒物质的分解等许多内容，它的产生源于细菌的发现，而DNA重组技术则是微生物工程诞生的催产素。

图1

图2

图3

发酵工厂的变化
图1 16世纪发酵工厂
图2 19世纪发酵工厂
图片作者：Mohylek
图3 现在的发酵工厂

在微生物被发现以前的漫长岁月里，世界各国都是单凭经验利用微生物发酵来制造饮料和食品的。随后，微生物被发现了，纯种分离也获得成功，而且还设计出了便于灭菌的密闭式发酵罐。从此，大规模利用微生物的工业在20世纪20年代开创了酒精发酵、甘油发酵和丙酮丁醇发酵的新纪元。到20世纪40年代，开始采用深层发酵法大量生产青霉素，除了纯种培养外，还加上了通气搅拌。随后，链霉素等几十种重要的抗生素相继问世，一种新的产业——抗生素工业诞生了。同时，无氧条件下的发酵也发展到有氧发酵。

20世纪50年代，微生物能把天然类固醇转化为甾体激素，如可的松一类药物，它们至今仍是医药工业中的佼佼者。

20世纪60年代前后，氨基酸、核苷酸等的发酵相继成功。同时，人们对某些微生物的代谢途径有了深入的了解。在此基础上，用生物化学、微生物遗传等手段改变微生物原有的自动调节系统和用人工的办法控制微生物的代谢取得成功。代谢控制发酵技术的出现，标志着大规模利用微生物的工业（发酵工程）进入了新的转折时期。

长期以来，几乎都是以碳水化合物作为发酵的原料，而到20世纪60年代增加了正烷烃、醋酸、醇类和天然气等。发酵的原料从依赖于农产品的状态转为从石油等矿产资源中寻找原料，从而实现了发酵原料的重大转变。

20世纪70年代，重组DNA技术的诞生为人类定向培育微生物开辟了途径。通过DNA的组装，能按照人类设计的蓝图，创造出新的“工程菌”。菌种的优劣是发酵工程成败的首要环节，例如青霉素刚开始投产时，生产青霉素的菌种的发酵效价（效价是指每毫升中的实际含量）才20单位／毫升，到1955年就达8 000单位／毫升，1969年达15 000单位／毫升，1977年达50 000单位／毫升，目前已达到100 000单位／毫升。在40多年间，青霉素的产量提高了数千倍，其中主要原因就是菌种的不断改良。

由于生物化学和分子生物学的进步，人们已能从分子水平上对微生物的代谢进行人工控制，从而使发酵工程进入一个新的历史阶段——代谢控制发酵阶段。

生物的基本特征之一是自我调节。微生物的自我调节作用极其明显，微生物有高度适应环境和自我繁殖的能力。如果环境发生急剧变化，微生物会产生新的变异类型，以求得生存，也可以通过代谢调节去适应环境。微生物的代谢调节主要是代谢产物的反馈控制，通过控制酶的活性或控制酶的合成，即调节酶的活力或控制酶的浓度来实现。

为了使微生物能为人类尽可能提供更多的产物，就必须对发酵环境进行控制。这就需要对微生物生长、培养基的消耗和产物的形成速度以及它们之间的相互关系进行研究。

有了优良的生产菌种和先进的生产条件，发酵作用仍然不能形成工程，只有在相应设备保证的基础上，微生物发酵作用才会大规模地生产人们所需要的物质。

从20世纪40年代实现青霉素的工业化生产起，传统的发酵进入了新的发展时期。50多年来，作为发酵研究和工业生产中心设备的发酵罐，有了很大改进。

发酵罐，其实就是一个用钢铁等金属板制成的容器，其大小不等。利用发酵罐进行微生物发酵时，首先要将培养微生物用的原料，按照一定的比例加水配好，装进罐里，然后接入菌种，保持一定的温度和酸碱度，让这些“小精灵”吃饱喝足，加速繁殖。

发酵过程是微生物的生长代谢过程，也就是说，那是活的生物在里面起作用，它的内在机理相当复杂，生化过程也不同于一般的化工过程。因此，光凭温度、压力、流量、液位和酸碱度等化工参数的检测，已远不能阐明生化过程的本质，而必须对其他一些特殊数据进行检测，并在取得充分的数据后，再通过这些数据对影响生化过程的机理进行研究，才能做到优化生产。这样复杂的程序，只靠传统的手工操作显然是不能胜任的，于是自动控制就被应用到发酵生产过程中来了。

国外在20世纪60年代后期开始将计算机用于发酵生产过程。1966年，英国礼莱药厂Dista分厂建立起114控制回路的青霉素发酵车间，进行直接数字控制。同年，日本在谷氨酸发酵生产中也使用了计算机控制。英国Glaxo公司的Gambois厂生产抗菌素，1973年投入运转，其发酵、提取、溶剂回收等均采用KENT-70计算机系统控制，并最后计算出生产成本。

在发酵研究和工业化生产中，计算机除用作直接数字控制外，还可进行数据的探测和综合，将测量得到的直接参数通过一定的数学运算综合成新的较复杂的间接参数。如根据发酵过程中空气的流量、排气中氧和二氧化碳的含量、发酵液中溶解氧的浓度等，经运算可得到携氧率、氧吸收系数和呼吸商。

利用计算机通过对发酵系统中多种物质的计算，可间接对细胞浓度、生产率及培养基的消耗率进行监视。例如，美国麻省理工学院采用电子计算机对面包酵母发酵过程中的碳和氮进行综合计算，以估计酵母浓度和生长率，然后用上述数据和呼吸商成功实现最优化控制。

此外，计算机还能很好地完成灭菌、培养基配制、装罐，接种、取样、放罐和后处理等操作控制。

在微生物工程发展的过程中，计算机、发酵罐等各种设备和技术得到了日益广泛的应用。由于新技术和新设备与传统的发酵相互结合，发酵工程才有了新的突破。今天，不同种类的微生物已经为我们人类提供了许许多多有价值的发酵产品。

来自微生物的发酵产品包括醇类（乙醇、丙醇、丁醇和甘油）、有机酸（柠檬酸、乳酸、葡萄糖酸、葡萄糖酸内酯和衣康酸）、氨基酸（谷氨酸、赖氨酸、色氨酸和脯氨酸）、核酸类有关物质（肌苷、肌苷酸和鸟苷酸）、各种微生物酶（淀粉酶、糖化酶、天冬酰胺酶、蛋白酶、凝乳酶、果胶酶和脂肪酶）、维生素（核黄素、维生素 B_{12} 和 β 胡萝卜素）、抗生素（青霉素、头孢霉素、链霉素、四环素和红霉素）、疫苗、菌苗、麦角生物碱（麦角胺、麦角新碱）和单细胞蛋白（SCP）。对微生物的利用还包括微生物积极参与生物转化，如利用微生物转化来制造甾体激素。

为了跟踪和控制生物反应器中的化学反应过程，1981 年，日本生产出第一台生物传感器，这是测定液化葡萄糖形成的酶的传感器。自此以后，世界各国竞相研究，由计算机控制的各种传感器正在不断涌现。

发酵罐的诞生为微生物的工厂化生产提供了条件，给微生物的利用带来了广阔的前景。用微生物酿制美酒古已有之，现在微生物仍然为我们提供各种佳酿。微生物对农业的贡献也不容忽视，例如，固氮微生物的固定氮素的作用，各类微生物农药（如井冈霉素、苏芸金杆菌）在防治农作物病虫害方面的威力。一种叫赤霉菌的真菌能生产促进作物大幅度增产的生长激素——赤霉素。有些微生物对矿山开采起着重要的作用。微生物中的“清洁工”目前也正在为治理“三废“出大力。据报道，美国和前苏联的科学家已经培育出能吃掉漂浮在海面上污油的微生物，这为防治海洋污染带来了新的希望。

这样众多有益的微生物所制造的产品，现在都可以通过发酵罐大量生产，以充分满足各个方面的需要。

酶和酶工程

被加快的反应

到18世纪末，以拉瓦锡为先导，化学家们开始用定量方法研究各种反应，特别是测定化学反应进行的速率。他们很快就发现，环境的细微变化会大大改变反应的速率。例如，德国化学家德贝赖特发现，铂的粉末（所谓的铂黑）能促使氢和氧结合成水，要是没有铂黑的帮助，这个反应只有在高温下才会发生。贝采利乌斯把这种反应加快的现象称为催化作用（希腊语的原意是“分解”），于是，铂黑被叫做氢和氧化合的催化剂。由于酸能使淀粉变成糖，所以把酸称为淀粉水解成葡萄糖的催化剂。

催化作用在工业上具有非常重要的意义。例如，制造硫酸的最好方法是将硫燃烧，使硫先变成二氧化硫（SO_2），然后再变成三氧化硫（SO_3）。如果没有像铂黑这类催化剂，从二氧化硫到三氧化硫这一步真比蜗牛爬行还要慢。镍粉末（在大多数情况下用它代替铂黑，因它比铂黑便宜）以及铬铁矿、五氧化二钒、氧化铁和二氧化锰等化合物也是很重要的催化剂。事实上，在工业上，一个化学生产过程能否成功，很大程度上取决于能否找到正好适合进行这项反应的催化剂。

镍　图片作者：Materialscientist at en. wikipedia

有机界也同样有自己的催化剂，其中有些催化剂已经知道了几千年，虽然当时并不叫这个名称。例如，如果不加任何东西，生面团本身就发不起来；而加一块酵母后，它就会开始起泡，膨胀而变轻。酵母还能使果汁和谷类加速转化成酒，在转化过程中同样也形成气泡，因此人们把这种发生气泡、膨胀变轻的过程称为发酵。酵母的制品还常叫做“酵素”，当时人们认为酵母中的这种“活体酵素”就是指使面粉发酵的催化剂。

酵母细胞是1680年由列文·虎克首先发现的，在它被发现一个半世纪后，法国物理学家卡格尼亚尔·德拉图尔开始使用一台优质的复式显微镜研究酵母的小块。他研究得非常专心，连酵母的繁殖过程也抓住不放，根据他观察的结果，确定酵母是活的。这样，在19世纪50年代，酵母成了一个热门的研究课题。

除了酵母，其他生物体也能加速分解过程。实际上，在肠道里就进行着类似于发酵的过程。第一个以科学方法研究消化的人是法国物理学家列奥米尔。1752年，他让鹰吞下几个装有肉的小金属管，金属管保护肉不受任何机械研磨，但管子壁上的小孔能使胃内的化学物质作用到肉上。列奥米尔发现，当鹰吐出这些管子的时候，管内的肉已部分分解了，而且管中有了一种淡黄色的液体。

1777年，苏格兰医生史蒂文斯从胃里分离出一种液体（胃液），并证明了食物的分解过程可以在体外进行。这样，他就把分解过程和生命的直接影响分开了。

很清楚，胃液里含有某种能加速肉分解的东西。1834年，德国博物学家许旺把氯化汞加到胃液里，结果沉淀出一种白色粉末：把粉末中的汞化合物除去，并把剩下的粉末溶解，此时，他得到了一种浓度非常高的消化液，他把这种除去了汞的粉末称为胃蛋白酶（希腊语的“消化”）。至此，科学家又从胃里找到了一种消化食物的催化剂，它是没有生命的酶。

这时，两位法国化学家帕扬和佩索菲发现，麦芽提取物中有一种物质，能使淀粉变成糖，而且变化的速度超过了酸的作用，他们称这种物质为淀粉酶制剂（希腊语的“分离”），因这种物质是从麦芽中分离出来的。

在很长一段时间里，化学家们对像酵母细胞一类的活体酵素和像胃蛋白酶一类的非活体（无细胞结构的）酵素作了明确的区分。1878年，德国生理学家库恩提出把后者称为酶。库恩当时根本没有意识到，“酶”这个词以后会变得那么重要，那么普遍。

1897年，德国化学家毕希纳用砂粒研磨酵母细胞，把所有的细胞全部研碎，并成功地提取出一种液体。他发现，这种液体依然能够像酵母细胞一样完成发酵任务。通过这个实验，活体酵素与非活体酵素之间的区别一下子就消失了；因此，“酶”这个词现在适用于所有的酵素，而且是生化反应的催化剂。

很多生物化学家凭他们的智慧曾经猜测酶就是蛋白质。因为只要稍稍加热，就很易破坏酶的性质，这很像蛋白质的变性。但在20世纪20年代，德国生物化学家威尔施泰特报道说，某些纯化了的不含有蛋白质的酶溶液，表现出明显的催化作用；因此，他认为酶不是蛋白质，而是比较简单的化学物质，蛋白质不过是运载酶的汽车或船那样的“载体分子”罢了。当时大多数生物化学家都站在威尔施泰特一边，因为他是诺贝尔奖获得者，享有很高的威望。但是，康奈尔大学的生物化学家萨姆纳却不同意威尔施泰特的观点。他从刀豆（一种美洲热带植物的白色种子）中

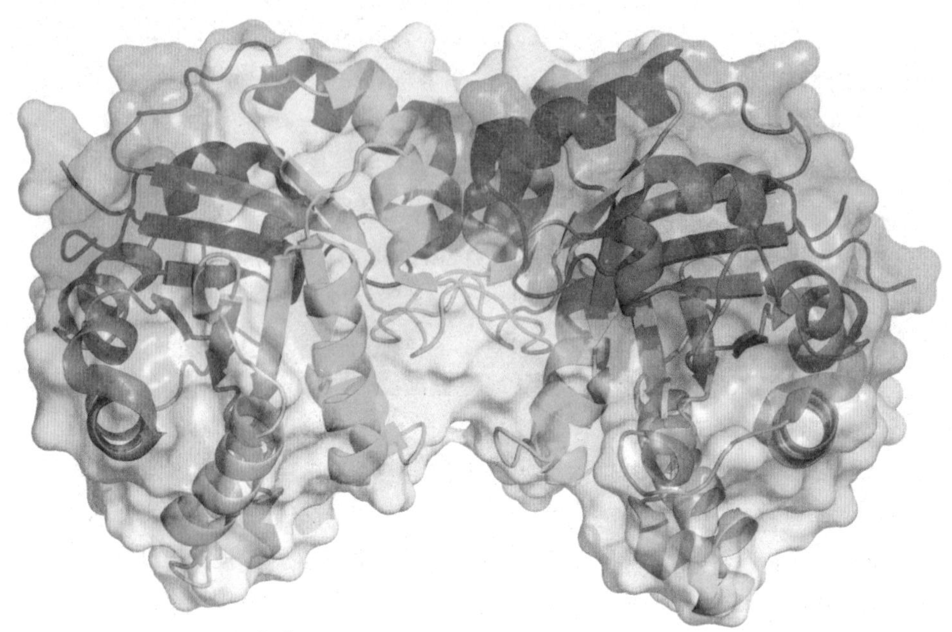

丙糖磷酸异构酶三维结构的飘带图，酶是一种蛋白质

分离出一些结晶体，这种结晶体的溶液显示出一种脲酶的特性，即能催化尿素分解成二氧化碳和氨，而这种结晶体又确实显示出蛋白质的性质，因此他的试验无法把蛋白质与酶的活性分开。凡是能使蛋白质变性（改变性质）的东西，也都会破坏这种酶。这一切好像都证明，他所得到的是一种纯的结晶状的酶，而且这种酶就是一种蛋白质。

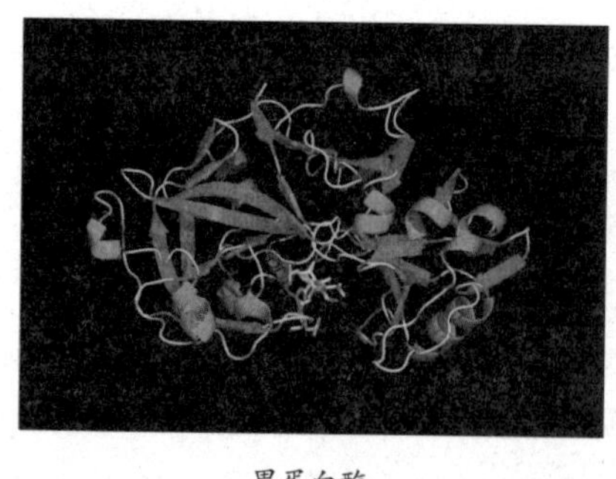

胃蛋白酶

由于威尔施泰特是当时的世界名流，因此萨姆纳的发现虽然是科学的真理，也未受到应有的重视。但是，正像蔽日的乌云终究挡不住太阳那样，真理终究会在战胜谬误中开辟自己的胜利道路。1930 年，洛克菲勒研究院的化学家诺思罗普和他的同事们得到了许多种酶的结晶体（包括胃蛋白酶），而且发现，这些酶的结晶体的确都是蛋白质，这有力地支持了萨姆纳的观点。不仅如此，诺思罗普还证明，这些结晶体都是纯蛋白质，即使溶解并稀释到一般化学试验（如威尔施泰特所做的那些试验）不能再查到蛋白质存在的时候，仍然保持着催化活力。

这样，人们就确定了酶是蛋白质催化剂。到目前为止，人们已经分离出大约 2 000 种不同的酶，得到了 200 多种酶的结晶体，这些酶全部都是蛋白质。

小资料

作为生物催化剂的酶，种类繁多、功能各异。根据国际统一规定，将酶按反应性质分为六大类。

能加速氧化还原反应的酶称为氧化还原酶，如过氧化物酶和各种脱氢酶。

能加速化学基团从一个分子转移到另一个分子上的酶称为转换酶，如转氨酶、转磷酸酶等。

能加速水解反应的酶称为水解酶，如淀粉酶、胃蛋白酶、脂酶等。

能把某种物质中的某些键断开以除去底物分子中某些基团的酶称为裂解酶，如脱羧酶、脱氨酶等。

能加速同分异构体相互转化的酶称异构酶，如磷酸丙糖异构酶等。

能加速两个底物分子连接并同时发生三磷酸腺苷（ATP）的高能磷酸键断裂的酶称为连接酶（合成酶），如 DNA 连接酶。

神通广大的酶

和其他动物一样，人类的生命活动不能没有食物。食物供给生命活动需要的能量，保证动物的正常生长和发育。

食物，主要有糖类（以淀粉为主）、蛋白质和脂肪三大类。食物要是不经过消化，即使进入体内，也不会变成营养和能量。消化，说白了就是把食物中那些不溶于水的淀粉、蛋白质、脂肪等大分子物质分解成容易溶解在水里的小分子物质。

消化淀粉靠的是淀粉酶，消化蛋白质需要蛋白酶，分解脂肪需要脂肪酶，只有当淀粉分解成葡萄糖，蛋白质分解成氨基酸，脂肪分解成甘油和脂肪酸后，才能被小肠绒毛吸收，并通过血液循环输送到全身各处。

人在几分钟内不能呼吸，必死无疑。呼吸就是从空气中吸进氧气，把体内的二氧化碳排出体外。进入体内的氧，能使葡萄糖分解成二氧化碳和水，能使脂肪变成二氧化碳和水。此外，还能使蛋白质变成二氧化碳、水以及尿素（指哺乳动物）或尿酸（指鸟类）；同时，葡萄糖、脂肪、蛋白质在变化过程中释放出热能和化学能。进人体内的氧要发挥作用必须变得更活泼，氧的活化靠的是细胞中的细胞色素氧化酶，把营养物质消化，分解产生的化学能贮藏起来靠的是 ATP 酶。由此可见，呼吸也离不开酶。

人的生长与体内蛋白质合成息息相关，而合成蛋白质的材料是氨基酸，从氨基酸到蛋白质也需要酶，氨基酸活化酶、转肽酶是必不可少的。

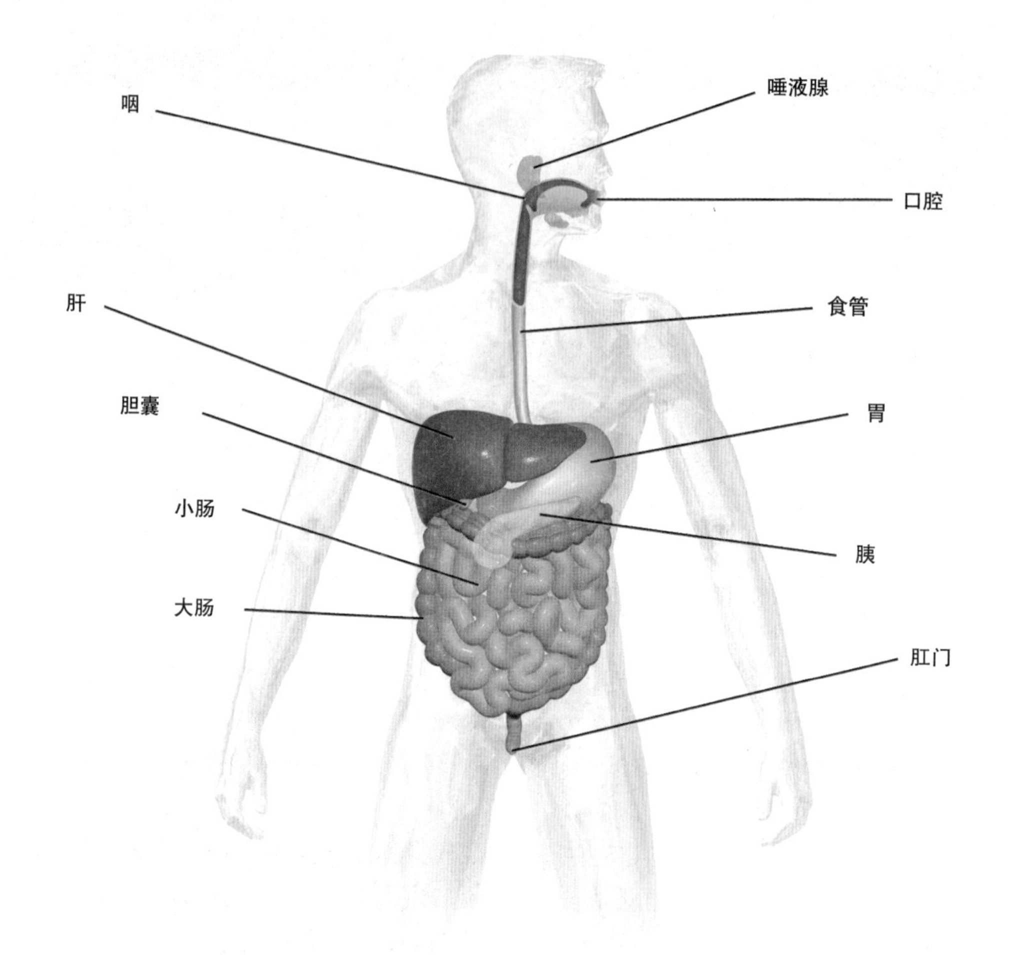

人体消化器官。唾液中的酶对各种食物进行初步消化，胃液中的酶对食物进行较为全面的消化，肠道中的酶有助于食物的进一步消化和营养的吸收　图片作者：BruceBlaus

运动是生物界的普遍现象，人的运动实际上是肌肉细胞活动的结果，肌肉细胞以 ATP 为动力，肌肉收缩要靠 ATP 变为 ADP 和无机磷酸时放出的能，ATP 变为 ADP 离不开 ATP 酶。

生物如果失去了繁殖能力，那等待的就是绝灭。生物在繁殖过程中也离不开酶，DNA 解旋酶和 RNA 聚合酶是与细胞分裂休戚相关的酶。

羧化酶、辅酶是保证光合作用顺利进行的必要物质。

随着科学的进步，越来越多的生物科学工作者都认为生命是各种不同的酶按一定的时间顺序协同作用的结果。生病就是酶活动出了问题，因此，医生可根据酶的活动诊断疾病。化验单上出现的 GPT 是谷丙转氨酶的代号，G 代表谷氨酸，P 代表丙酮酸，T 是转换酶的代号，GPT 就是能促使谷氨酸和丙酮酸间转移氨基的酶。

在正常人的体内，肝组织中的 GPT 含量很高，因为肝组织中发生着十分活跃的氨基酸取代的活动；而正常人的血清中，这种酶的含量很低（在 40 单位之下）。如果肝组织遭到破坏，肝细胞中的 GPT 就会跑到血液中，血清中的 GPT 的活性就会增强。因此，医生就可根据血清中转氨酶活性的高低得出肝组织是否受到损伤的结论。GOT 是谷草转氨酶的代号，O 代表草酰乙酸，GOT 能促使谷氨酸和草酰乙酸间转移氨基。正常人的心肌中，GOT 含量很高，血清中含量不超过 40 单位，一旦心肌坏死（心肌梗死）时，心肌中的 GOT 大量转入血液，血清中的 GOT 活性就明显增高；因此，医生可根据 GOT 的高低诊断心肌梗死的程度。

胃蛋白酶是胃液里消化蛋白质的酶，这种酶还会消化十二指肠黏膜，如果十二指肠黏膜遭到胃蛋白酶的破坏，即刻出现十二指肠溃疡，就会出现恶心、呕吐等症状。这些症状与早期胃癌患者十分相似。如何从相同的症状中判明不同的起因？胃蛋白酶成了医生的好帮手。原来十二指肠溃疡是由于胃蛋白酶活性增高的结果，而胃癌是胃壁细胞恶化所致，由于胃壁细胞的恶化，胃蛋白酶也遭到破坏，胃液中胃蛋白酶的活性就降低。由此可见，可根据胃蛋白酶活性的高与低正确判明是十二指肠溃疡还是胃癌。

酶不仅能作为医生诊断疾病的可靠指标，而且还是治病的良方。如果你患消化不良症，那么多酶片会补足你消化道中消化酶的不足，因为多酶片是由胰蛋白酶、胰淀粉酶和胰脂肪酶制成的药片。

溶菌酶顾名思义是能溶解病菌的酶，因此，医生能用溶菌酶消灭沾染在皮肤上的细菌，治疗急性或慢性副鼻窦炎、口腔炎、中耳炎和咽喉炎等。

木瓜蛋白酶能消化蛔虫、鞭虫等蠕虫的外表皮，因此是消灭体内寄生虫的良药。

尿激酶是不久前应用在医学上的一种蛋白酶，能治疗动脉血栓或静脉血栓，对心肌梗死者也有一定疗效，这种酶来自新鲜尿液。

其他还有许多酶，如能分解尿酸的尿酸酶，是治疗痛风症的良药。凝血酶可治疗手术后毛细血管出血、鼻出血等。

酶在工业生产中的作用也不可低估。例如，一包包的红薯干，倒入特制的池子，打成粉浆后，加进 7658 淀粉酶（从细菌中分离提纯到的酶）使淀粉液化（所谓液化就是红薯干中的淀粉在淀粉酶的作用下变成分子量比淀粉小的糊精），然后再加入来自黑曲霉或根霉的另一种淀粉酶。不久，原来的红薯干就变成了葡萄糖，再经过脱色处理，就变成了白色的葡萄糖。

牛奶加工成干酪和炼乳，就要使蛋白质凝聚起来，要使牛奶中的蛋白质凝聚，最好的办法是加进凝乳酶。

如何使猪肉、牛肉变嫩？目前，牲畜屠宰场一般在屠宰前 5~10 分钟，给屠宰

从很早以前，人们就开始利用凝乳酶制作奶酪

的牲畜注射蛋白酶。拉丁美洲等国家把含有木瓜蛋白酶的木瓜片涂在肉上，同样也能使肉质变嫩。

酒不过是酒精含量不同的饮料，生产酒精的原料有红薯、谷物和果品等。原料尽管不同，但变成酒精的都是原料中的淀粉。淀粉要变成酒精，首先要在糖化酶系的作用下变成葡萄糖，然后葡萄糖又在糖酵解酶系的作用下变成酒精。离开了酶，红薯只能作为饲料、粗粮，绝对不会变成沁人心脾的美酒。

酶就像个技艺高超的魔术师，当你往葡萄糖中加进一种称为异构酶的酶后，葡萄糖变成了果糖，糖浆的甜度马上就提高了不少。

缫丝、制革是古老的工艺。传统的缫丝方法是用温水煮或用肥皂水煮蚕丝，煮的目的是脱胶。原来，蚕丝由两类蛋白质组成，丝蛋白在中心，丝胶蛋白包在丝蛋白外层，而对人类有用的只是丝蛋白。因此，为了除去丝胶蛋白就只能用温水或肥皂水煮，使丝胶蛋白在热水中逐渐溶解。毫无疑问，这种脱胶法，不仅劳动强度大，而且脱胶效果也很差。现在，我国已从细菌和真菌中提炼出细菌蛋白酶和曲霉蛋白酶，用这些蛋白酶来处理蚕丝，既分解了外层的丝胶蛋白，又完好地保存了内部的丝蛋白，不但减轻了劳动强度，改善了劳动条件，而且提高了产品质量，降低了产品成本。

制革，要脱毛、硝皮。过去这两道工序是用烧碱、磁化碱、狗粪、鸡粪和鸽粪（粪里含有大量微生物产生的酶）来完成的，既脏臭又劳累，同时也污染环境、危害农田。而当制革业采用1.398蛋白酶脱毛、3.942蛋白酶硝皮后，脏、臭和累一去不再现，不仅改善了劳动条件，减轻了劳动强度，而且制成的皮革在松软、透气、防潮和防水性能方面都有了明显的提高。

农业上，酶也在大显神通。农作物从种子萌发到成熟，每个发育阶段都离不开酶；鸡、鸭、猪和羊等家禽、家畜从受精卵开始直到个体死亡，每一瞬间都有酶在活动；农副产品的加工、贮藏也有酶的活动，掌握酶的规律，就能提高加工产品的质量，就能延长贮藏时间。例如，为了保持谷物营养成分，就要降低种子内呼吸酶的活动程度。总之，在农业生产中，没有一个环节不受酶的影响。

应运而生的酶工程

酶工程是利用酶（包括细胞和细胞器）的催化特性，借助现代科学理论和技术手段，以反应器的形式进行酶的生产和利用酶生产新产品的技术体系。

如何提高酶产量？这是酶工程中首先要解决的问题。目前，可通过控制生物体的培养条件去满足酶大量合成的需要。在微生物的培养基中加入诱导物，使有关酶的合成长时间地处于诱导状态，如将一种名为异丙基 β-D- 巯基半乳糖的物质加到微生物培养基中，在这种培养基上生长的微生物能大量形成 β- 半乳糖苷酶，其酶产量提高了 1 000 倍以上。

除控制生物体的培养条件外，还可通过遗传手段从根本上改变酶的合成调节机构。所谓遗传手段，就是通过基因突变或者利用基因重组技术，培养新的生物体。例如，将地衣芽孢杆菌的 α- 淀粉酶基因转移到枯草杆菌中，由枯草杆菌生产 α- 淀粉酶，这种基因工程菌所产生的 α- 淀粉酶产量是地衣芽孢杆菌的 2 500 倍；将人的尿激酶基因转移到大肠埃希菌中，由大肠埃希菌产生人的尿激酶，可以提高酶的产量，

用微生物或其他动植物细胞生产的酶，往往不能直接应用，必须分离提纯，这是因为生物体在形成酶的同时也合成其他的大分子有机物。

如何提纯酶呢？酶在生物体的细胞中形成后，可能继续留在细胞内，也可能分泌到细胞外面。如果是后一种情况，提纯就比较简单，只需要收集细胞的培养液就行了。但如果是前一种情况，也就是酶仍留在细胞内，则必须先破碎细胞，才能将酶提取出来。不管是哪一种情况，在酶的溶液中都会含有一些酶以外的杂质，包括核酸、淀粉之类的物质以及杂蛋白质和杂酶等。核酸显然会干扰提纯，不过比较容易对付。现在已有多种处理办法，例如可以加硫酸链霉素、氯化锰等沉淀剂，也可以加核酸酶将它分解除去。淀粉类的干扰一般不严重，也容易解决。主要的困难，或者说主要的任务是要设法从大量的杂蛋白质和杂酶中将我们所需要的酶提纯出来。现在提纯酶的方法已有多种，常用的提纯方法大致有 5 类：沉淀法、分子筛法、电性解离分离法、选择性变性法和亲和分离法。

目前，沉淀法在国内工厂中用得最多，硫酸铵盐析法就是其中的一种。硫酸铵盐析法的优点是几乎所有的酶都可用硫酸铵沉淀下来，缺点是提纯效率不太高。所以，多年来人们一直在寻找一些选择性较强的沉淀办法，限制酶的提纯就是个例子。限制酶全称限制性内切核酸酶，是基因工程中一种十分关键的酶。它能识别 DNA 中特定的核苷酸顺序，其中有一类最常用的Ⅱ型限制酶能识别 4~6 个核苷酸

组成的顺序，并在这个部位和 DNA 结合，水解 DNA。在过去，这种酶的纯化需要经过多个步骤，但是近年来有一种选择性沉淀法可使提纯步骤简化很多。这种选择性沉淀方法主要利用了以下原理：①在盐浓度低的条件下，某些限制酶和 DNA 有较强的结合能力，而其他蛋白质以及其他酶一般不和 DNA 结合，或者结合得很松。②升高盐浓度，限制酶和 DNA 的结合减弱。③有一种聚乙烯亚胺的化合物能选择性地使 DNA 沉淀下来。因此，在提纯限制酶时，只要在低的盐浓度条件下将聚乙烯亚胺加入酶溶液中混合，限制酶就会和 DNA 一起沉淀下来。当然这时也可能有部分杂质跟着沉淀下来。为除去杂质，可先用低浓度的盐溶液洗涤，再用高浓度的盐溶液洗脱，限制酶就会和 DNA 分开，然后进入高浓度的盐溶液中去，这样限制酶就大大纯化了。

分子筛法也称为分子过滤法，它是利用酶和其他杂质分子大小不同而设计的一种分离提纯法。过滤的概念大家都能理解。譬如，我们从市场上买回的盐或糖中混杂有一些灰沙或纸屑，通常的办法是将盐或糖溶在水里，然后用纸或布做成滤袋，将盐或糖的溶液倒入滤袋，让盐或糖分子通过滤袋，而灰沙和纸屑则留在袋内。这里讲的分子过滤法有两类：一类和上面讲的过滤法十分类似，称为超过滤法。超过滤法中不是用一般的纸或布作滤袋，而是用一张比纸或布更密的膜，称为超滤膜。在电子显微镜下，可见膜上布满一定大小的孔洞（孔洞的大小在制膜时能够控制）。如果我们知道酶和杂质分子的大小有差别时，就可以选择一张孔洞大小适宜的膜，或者将酶堵住，让杂质通过，或者将杂质拦住，收集流出的酶分子。当然也可以用两张膜，一张用以截住比酶大的杂质分子，让酶和小的杂质通过，另一张则用以留住酶分子，而除去小的杂质。这种方法比较简单，但在实际应用中，它只适于粗分，因此用得不多。另一类称为胶过滤法，其中的过滤用具不是膜，而是凝胶柱。在显微镜下观察，可见这种凝胶柱由许多圆球形的凝胶粒堆积而成。凝胶粒呈蜂窝状，表面布满一定大小的孔洞，内部沟渠纵横。当酶溶液从柱顶加入，通过凝胶柱流出时，不是像超过滤那样，小分子流出，大分子被截住，而是按分子大小依次先后流

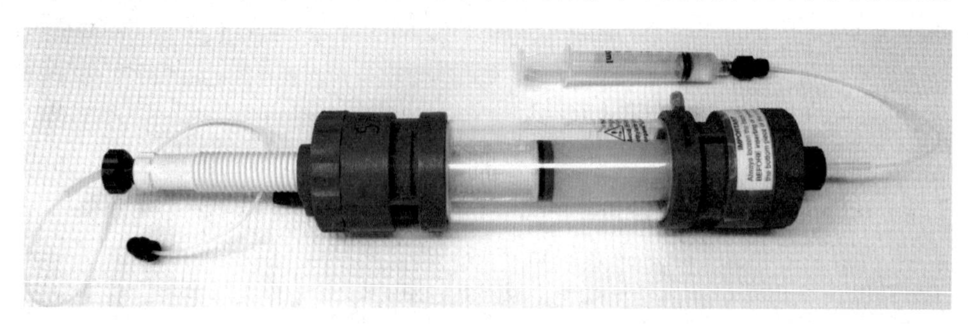

离子交换柱用来分离酶

出。这是因为小于孔洞的分子能够自由出入凝胶粒内部，大于孔洞的分子只能沿凝胶粒间的缝隙移动。因此，大分子沿凝胶柱移动时，走的好像是一条较短较直的路，而小分子的轨迹则迂回曲折。这恰像大人和小孩同往学校时，大人沿大路径直向前，而调皮的小孩，往往要钻钻门洞、墙洞和篱笆洞，所以通常是大人先到，小孩后来。采用这种方法时，只要凝胶粒的孔径选择得合适，凝胶柱足够长，根据酶分子和杂质分子大小的不同是完全可以将酶和杂质分开的，所以它现在已成为人们喜欢采用的有效提纯方法。

电性解离分离法是利用酶和杂质带电性质的不同而进行分离的一类方法。酶和杂蛋白质的一级结构往往不同，因此，在某种酸碱度条件下，它们的侧链基团的解离状况不同，带电的情况也有差异，从而有可能用解离分离法使它们分离开来。更直接的办法是将酶溶液放到电场中去，那么酶和杂蛋白质就将按它们所带电荷的正性或负性及带电量的多少，分别向相反的方向依次排列移动，这种方法就是通常所说的电泳法。这一方法在实际应用时，一般要在电场中加一种支持介质，防止分开了的成分再混起来，常用的支持介质有膜、粉末和凝胶等。这种方法直接、简便，但不能用来进行大规模提纯，因为电泳过程中要发热，介质太厚时，热不容易散发开来，可能会将酶“热死”。另外一种是吸附方法，采用这种方法时，先要选择一种与被吸附物质电性相反的固体物质作为吸附剂，其中用得最多的是离子交换吸附剂。为了降低成本，近年来有一个倾向，就是要从一种原料中同时分出几种酶来，而第一步往往就是应用离子交换吸附剂吸附。阴离子交换剂本身带负电，可吸附带正电的物质；相反，阳离子交换剂本身带正电，可吸附带负电的物质。吸附方法提纯效率比较高，整个纯化过程实际上包含三步：第一步是选择适宜的条件，让尽量多的酶、尽量少的杂蛋白质吸附到吸附剂上；第二步是适当地改变条件，让吸附力弱的杂蛋白质从吸附剂上除去，但要保证酶仍然保留在上面；第三步则是选择性地将酶脱洗下来，让吸附力特强的杂蛋白质依旧留在上面。这种吸附方法普遍受到欢迎。

再来说说选择性变性法。因为酶也是高分子蛋白质，它们有一个明显的弱点，即很不稳定，极易发生变性。但是，它们的不稳定是相对的，而且彼此间有一定差别。如从鸡蛋清中来的溶菌酶、牛胰脏中来的核糖核酸酶就较稳定，在某种 pH 值的条件下，它们甚至可以在沸水浴中停留一段时间而不丧失活性。同样，也有一些酶能够耐受强的酸或碱。根据这样的特性，可以选择一种适宜的条件，在保证我们需要的酶不被破坏的前提下，尽可能“杀死”那些不稳定的杂蛋白质，这就是选择性变性提纯法，这种方法颇像“大浪淘沙”、“择优录取”。由于选择性变性法简便易行，而且效率较高，可一举除去大量杂蛋白质，甚至可使酶的催化活力提高，因此几乎人人乐于采用。至于为什么在选择性变性后，酶活力会提高，估计跟这种处理过程中去掉了某些能降低酶活力的杂质有关。

最后一类提纯方法是通常说的亲和分离法，这是一类“认领亲人”的方法。酶、底物和酶的辅助因子和能降低酶活力的抑制剂物质之间一般都有一定的亲和力，就像家人、亲属之间有一种特殊的亲情一样，它们也能很自然地接近和团结起来。利用这种亲和力，可以将底物、辅助因子、抑制剂或它们的类似物，用适当方法固定到一种固体物质上，制成一种亲和吸附剂。将这种亲和吸附剂放到酶和杂质的混合物中时，我们所需要的酶就会被吸引住，而那些不相干的杂质将“义无反顾”地擦身而过。这种分离法颇像磁铁能选择性地从铁屑和砂石混合物中将铁屑吸引出来一样，它的选择性极高，提纯效率极高。例如，用于治疗白血病的门冬酰胺酶，用沉淀和吸附等方法提纯时，通常要经过六七个步骤，如果以固定了的 D 型门冬酰胺为亲和吸附剂时，就能很快地认领这种酶，一步到位达到纯化的程度。亲和分离法是目前最有效的一类方法，正在进一步推广应用之中。

从以上介绍中，我们可以看出，由于科学家不断寻求更好的分离提纯方法，已使酶的纯度达到了相当高的水平，为酶工程的开发、应用打下了坚实的基础。酶的分离和提纯技术、可以说已从必然王国迈向自由王国。

由微生物生产出来的酶，或者经过提纯的酶，通常可以直接以液体或固体的形式供应使用。液体酶成本较低，适于就地生产、就地使用。但是液体酶不稳定，容易失效、染菌。因此，以固体酶形式保存和供应较好。但不管以哪种形式供应，所有酶制剂都必须保证安全。至于纯度，则根据不同的应用要求而异。一般用于工农业生产的酶，对纯度要求较低，只要没有影响产品质量的其他酶或杂质就行。作为分析或科学研究用的酶，则除了要求没有影响分析结果和研究结果的因素以外，还需要有较高的纯度。药用的酶，必须做到不会引起副反应（如过敏、免疫反应以及热源反应等）。此外，从应用来说，所有酶制剂都有一共同要求，就是要降低成本。关于降低成本，现在看来，最有效的办法是设法使酶能够被反复利用。但是，通常用的液体或固体形式的酶制剂是无法达到这个要求的，直到固定化酶技术问世后，这个问题才得以解决。

为了使酶发挥更大的作用，1916 年，由纳尔逊和格里芬首先创造了固定化酶。所谓固定化酶就是用物理方法或化学方法将酶固定到某种大分子上面，这种大分子通常是一些不溶性的固体物质。进入 20 世纪 60 年代后，对固定化方法和固定化酶的研究取得了重大进展。1969 年，日本的千畑博士首先将固定化酶应用于工业生产，开创了固定化酶工业应用的新纪元。

固定化方法有多种，但大体可分为三类。一是吸附法，就是将酶吸附在载体上。

二是化学反应法，通常先将酶分子附着在载体上，然后通过化学反应使酶分子之间或者酶分子跟载体之间相互连接起来。这样形成的固定化酶，有的就像新疆手鼓，有的则像货郎担上的摇鼓，当然还可能形成其他各种形状。三是包埋法，就是用半透膜或者有网眼的凝胶将酶分子包裹起来，正如把球放在网袋里，或者像将兔子关在铁丝笼里一样。这样，不管用哪一种方法得到的固定化酶，在酶发挥催化作用以后，都可以很容易地通过过滤等方法加以回收，反复使用。特别是大多数酶通过固定化以后，更加稳定，还容易装成管式或柱式，有利于使酶催化的反应实现连续化、管道化和自动化。固定化酶能容易地跟底物与产物分开，在反复使用前还可将它充分洗净，使产品不受污染，保证产品质量。如果固定化酶是用包埋法制成的，那么，它还可以借助载体使酶不和外界环境中的其他大分子直接接触，不会引起免疫过敏等反应，本身也不会被蛋白水解酶等分解破坏，所以特别适于治疗应用。如果要利用多种酶联合起来进行催化反应，还可将整个细菌或细胞固定起来。正因为这样，固定化酶正在发展成为酶应用的主要形式。

所谓固定化细胞，就是将具有一定生理功能的生物体（如微生物、植物细胞、动物细胞和细胞器等）用一定的方法进行固定，作为固定化催化剂应用。这种方法可省掉提取工艺，使酶的损失达到最低限度，有时还可以利用细胞中的复合酶系统同时催化几个有关反应。因此，它可以将某些产物的发酵法改为固定化酶连续反应法。毫无疑问这是革新。但是，这样的反应有先决条件，那就是底物和产物必须很容易透过细胞膜之类的细胞表层组织，复合酶系中不能有分解产物和酶类的副反应系统，只有满足这些要求的生物细胞才能制备固定化细胞。

酶工程是20世纪60年代生物科学领域内开放的一朵鲜花，30多年来，这朵鲜花越开越艳。今天，经过现代科学和技术的武装，在国民经济的各个领域几乎都有了酶的踪迹。